高等职业教育艺术设计类专业规划教材

环境艺术设计、室内设计专业

建筑速写

主　编　崔冬云　赵晓旭

副主编　葛　赛　江尔德

参　编　于　宁　吴玉萍　王　栋　牛小鹏　彭　岩

主　审　夏万爽

机械工业出版社

本书共分四个部分：认识与准备、观察与表现形式、分析与应用、作品赏析。主要内容包括建筑速写与建筑设计的关系、透视规律、表现形式、建筑速写观察方法与表现要点、室内空间表现、建筑外观表现、景观表现等。

本书具有较强的针对性和实用性，适合高职高专环境艺术设计专业、建筑装饰工程技术专业、建筑设计类专业、园林园艺专业学生使用，还可作为成人职业培训以及专业从业人员的参考书。

图书在版编目（CIP）数据

建筑速写/崔冬云，赵晓旭主编．—北京：机械工业出版社，2012.5（2015.9重印）

高等职业教育艺术设计类专业规划教材

ISBN 978-7-111-37981-2

Ⅰ．①建…　Ⅱ．①崔…　②赵…　Ⅲ．①建筑艺术—速写技法—高等职业教育—教材　Ⅳ．①TU204

中国版本图书馆CIP数据核字（2012）第064858号

机械工业出版社（北京市百万庄大街22号　邮政编码100037）

策划编辑：李　莉　　责任编辑：李　莉

封面设计：鞠　杨　　责任印制：乔　宇

三河市国英印务有限公司印刷

2015年9月第1版第2次印刷

210mm×285mm・5.5印张・150千字

标准书号：ISBN 978-7-111-37981-2

定价：25.00元

凡购本书，如有缺页、倒页、脱页，由本社发行部调换

电话服务

社服务中心：（010）88361066

销售一部：（010）68326294

销售二部：（010）88379649

读者购书热线：（010）88379203

网络服务

门户网：http://www.cmpbook.com

教材网：http://www.cmpedu.com

封面无防伪标均为盗版

前言

建筑速写是环境艺术设计、建筑装饰工程技术、建筑设计类等专业的一门必修课程，也是设计工作者进行设计及快速表现必须掌握的一项基本技能。本书以工作岗位为依据，以培养学生实践技能为宗旨，将速写基本能力训练与分项目训练相结合，在使学生明确每一阶段的训练重点、要点、作业要求的基础上，引导学生有针对性地进行练习，以培养他们的造型和创新能力。

本书由日照职业技术学院崔冬云任主编，河北软件职业技术学院赵晓旭任第二主编。各单元编写分工为：课题一由崔冬云编写；课题二～四由吴玉萍编写；课题五由赵晓旭、彭岩编写；课题六由牛小鹏、于宁、王栋编写；课题七由葛赛、江尔德编写，崔冬云对全书进行统稿、定稿。

本书在编写过程中得到了日照职业技术学院艺术学院、河北软件职业技术学院、机械工业出版社等单位及各位领导、老师的大力支持和帮助，在此表示衷心的感谢。

本书参阅了大量的同类教材和资料，除在参考文献中列出外，在此谨向这些书刊资料的作者表示衷心的感谢。

由于编者水平有限，书中的缺点和错误在所难免，恳请广大读者批评指正。

编　者

目　录

第一部分

认识与准备

【知识要点及学习目标】

本单元对建筑速写进行概括介绍，主要包括建筑速写与建筑设计的关系以及建筑速写中的透视原理等知识内容。要求了解各种工具和材料的性能、特点，掌握透视原理及物象的形体结构，这是画好建筑速写必备的条件。

课题一　建筑速写与建筑设计的关系

建筑速写（Architecture Sketch），顾名思义，就是以建筑形象为主要表现对象，用写生的手法对建筑以及建筑环境进行快速表现的一种绘画方式。它以建筑物为主要表现对象，同时也包含建筑环境所涉及的内容，如自然景物、植物、小品、设施、人物、车辆等。

建筑速写作为一项造型艺术的基础训练，长期以来一直是环境艺术设计、建筑设计、建筑装饰设计及园林设计等专业的重要基础课程。它不仅能够培养学生敏锐的观察能力、概括表现对象的能力以及设计表现能力，而且能够培养他们的艺术思维能力。同样的对象，因为作者的不同，描绘出来的画面在明暗、构图、风格和形式等方面都会有很大区别；同样，不同的设计者创作出来的设计草图也往往是个人思想、情感的真实写照，而能体现出画者主观感受的特点也正是建筑速写的魅力所在。因此，通过画建筑速写，不仅可以锻炼观察力和表现力，更可以陶冶艺术情趣，激发创作的激情与灵感，为以后的建筑设计课程打下扎实的基础。

建筑速写作为信息传达的一种交流手段，是设计师对客观世界进行艺术表达的第一步。它能迅速记录对象，准确传达信息，是设计师认识他人、他物、他事的初步探索，是意念表达的逐步呈现，使设计者在做室内外或景观设计方案时，能更有效地表现出自己的设计思想及理念，为设计思维的表达与交流提供了良好的视觉媒介。

建筑速写是收集设计资料和储存丰富形象信息的一种手段。要成为一个好的设计师，就必须积累丰富的设计资料，这其中当然包括学习和借鉴前人的优秀案例。虽然在信息化的今天，有许多方法让我们有机会接触到这些案例，但真正要对它们进行研习，还需要用笔进行再现，这就是手绘对于学生和青年设计师最直接的意义。

建筑速写作为一种独特的艺术表现形式或设计构思手段，不仅可以协调设计者手、眼、脑的配合，提高对景观或建筑的实际表现能力，而且写生过程中的构图、组织、布局、取舍本身就是艺术思维创造过程，应当说写生已经包含了专业设计的成分。同时，好的建筑速写与其他绘画形式一样，都有独立存在的艺术价值。我们从古今中外的建筑设计大师身上可以看到，他们除了创作出许多经典的名作之外，还留下了大量生动的建筑速写作品，这些作品同样成为了人类艺术宝库中的瑰宝，如图 1-1、图 1-2 所示。

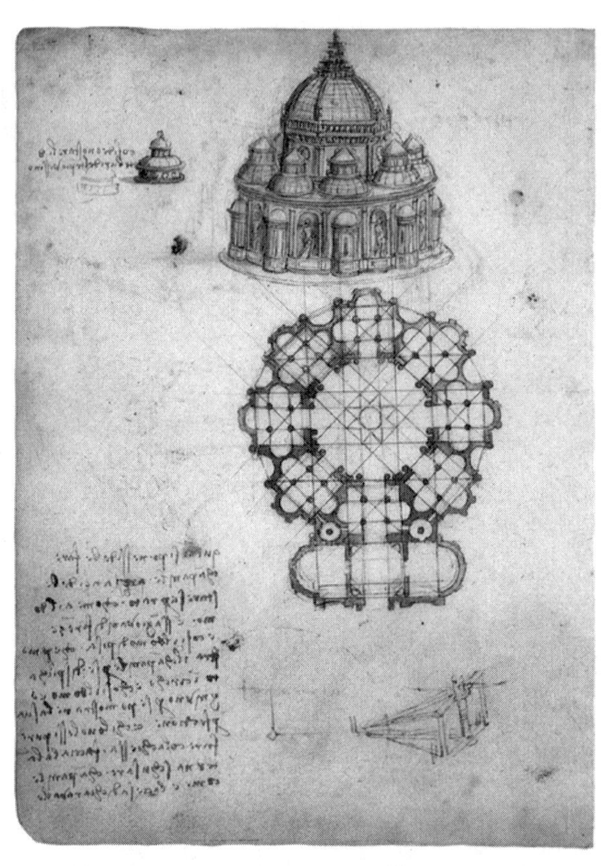

图 1-1　达芬奇手稿

图 1-2　约恩 · 乌特松

1．建筑速写的特点

建筑速写属于空间表现艺术，以表现建筑或以建筑为核心的建筑景观为主，对透视、比例、尺度、空间结构等有着较为严格的要求。透视、结构准确、空间合理的要求做到了，也就达到了写生的基本目的。建筑学家梁思成先生的建筑速写正是体现了这种专业要求，被人们奉为建筑绘画的楷模，如图 1-3 所示。

透视是形成画面空间、造型、结构、比例等变化的首要因素。当透视发生变化，空间、造型、结构和比例必然随之改变，所以说正确的透视知识是正确描绘对象的前提。写生前对于平行透视、成角透视和倾斜透视等知识要熟练记忆，但强调透视准确并不是要把建筑速写画成工程制图一样的作品，而是为了使我们更科学地感受表现对象，如图 1-4 所示。

图 1-3　梁思成作品

图 1-4　陈新生作品

建筑结构犹如人的骨骼解剖结构，不了解便无法画好建筑速写。建筑有框架结构、大跨度结构、悬挑结构等多种结构，这些组合构成建筑结构的逻辑之美。我们写生时要深刻理解建筑个体的结构美感，找对形体的前后上下组合关系，并交代清楚。

良好的空间感是建筑速写感人的基础，也是表达情、意的首要条件，作品要能够表达出深度的身临其境感，也就是所谓的“临场感”。画面空间不同的处理可以表现不同的感觉。对于单体建筑的空间来说，庞大的空间有一种震慑、庄严感，小的空间则显得亲切舒适，细而长的空间会形成宽阔、无限深远的氛围（图 1-5）。

图 1-5　王栋作品

比例是整体与局部、局部与局部之间有秩序的比例关系。良好的比例关系可以在纸面上获得与自然相近的空间感受以及满足人们心理需要的情感空间。比例与透视有着紧密的联系，因此利用透视造成比例变化的特点，可以丰富景观表现，表达各种不同的情感，如图 1-6 所示。

图 1-6　深圳汇食街　潘玉琨作品

在建筑速写中，画民居建筑同现代建筑一样，要求结构空间准确，但它更侧重于艺术感受和空间气氛的表达。把握住民居建筑的特征与气息，其画面会使人倍感亲切，具有浓郁的生活气息，如图 1-7、图 1-8 所示。

图 1-7　苏南民居　李延龄作品

图 1-8　宏村　吴冠中作品

2. 建筑速写的工具

速写的工具灵活多样，不拘一格，常用的速写工具有：

（1）笔（图 1-9）

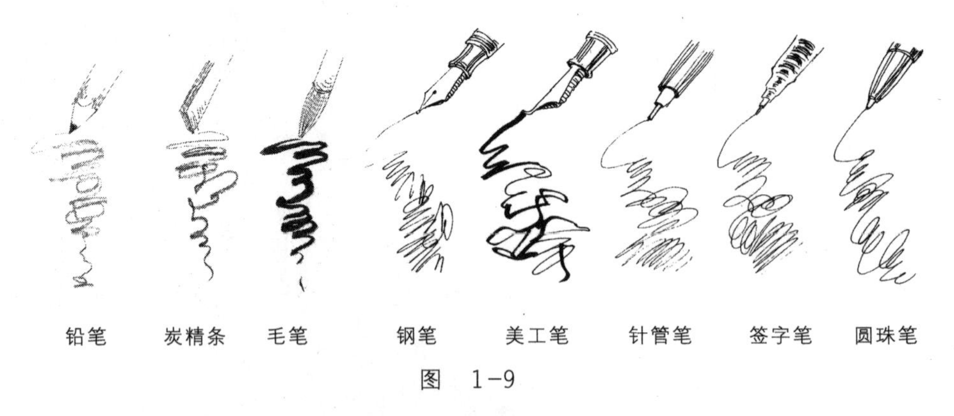

图 1-9

铅笔：能作粗细浓淡变化，画面明暗色调柔和，表现力丰富，且可以反复修改，携带方便，大画小画均可使用，通常以 2B～4B 的中性类铅笔为宜。

炭笔、炭精条：作画黑白效果强烈，变化丰富，表现力极强，但不易用橡皮修改，炭粉在画后易抹掉和擦脏，画完可用定着液固定画幅。

钢笔、圆珠笔、签字笔：笔线条清晰、明快，装饰味浓，携带方便，它不以浓淡轻重取胜，而以线的粗细，疏密、曲直见长，既可线描也可交织明暗色调。若将钢笔笔尖弯曲，线条粗、阔、响亮，语言手法更多变，但用不好线条易简单生硬，锋芒毕露。

毛笔：可产生粗细浓淡变化，干、湿、枯、润效果更好，若条件允许，多画毛笔写生，会获得一些大笔触间的特殊效果，但毛笔携带不便，较难掌握。运用毛笔最好有中国画和书法的基础。

其他：目前市场出售的各种笔，如塑料笔、竹笔、色粉笔、蜡笔、马克笔、油画棒等都有人用以速写，能作单幅写生，也可作辅助工具，但初学者不应过分追求特异的风格，仍应以炭笔、铅笔为主。

（2）纸

速写用纸要求不高，素描纸、复印纸、速写纸、绘图纸等均可作为速写的材料，可根据笔的种类、对象感受和个人习惯随意选用。色粉笔宜用粗糙的水彩纸、水粉纸或卡纸；毛笔宜用宣纸、元书纸等。

（3）速写夹与速写本

速写夹可保证生活速写的方便，以进行较深入精确的练习，可作画板铺垫；速写本可随身携带，以便随时记录即兴的人物动态及景物，随意性的速写小品也是锻炼抓形准确、线条流畅，提高速写趣味的好方法。

课题二 透视规律

1. 透视、透视现象

作为建筑速写，透视的正确、合理是放在首位的，它是绘制室内外建筑速写最重要的基础。如果一幅建筑速写首先在透视方面把握不好，那么无论这幅画有多么精彩的线条和细节，都会变得黯然失色。

在生活中，我们常会发现，同样大小的物体处在近处的大、远处的小，处在无限远处时，物体便汇成了一个点，这种现象被称为“透视现象”，如图 2-1 所示。

图 2-1

以图 2-2 为例，我们来了解透视的基本术语。

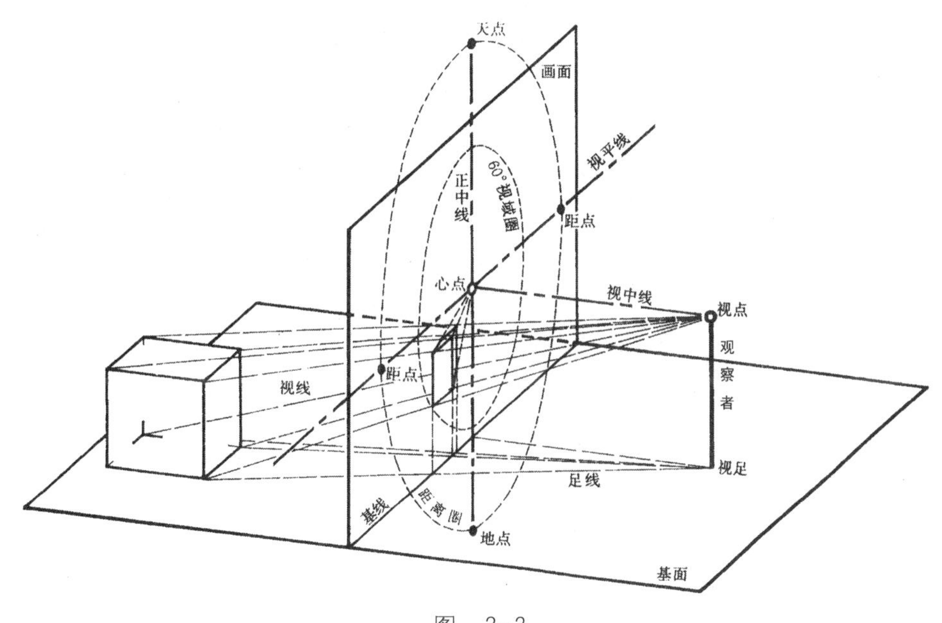

图 2-2

（1）视点　观察者眼睛的位置。

（2）视足　观察者所站的位置。

（3）画面　视点前方的作图面，通常是测量时假想的一个面。画面应垂直于地面。

（4）基面　通常是指物体放置的平面，或观察者所站立的地平面。

（5）基线　画面与基面交界的一条线。

（6）心点　视点在画面上的正投影，它是画面视域的中心。

（7）视平线　过心点与基线平行的线。

（8）正中线　过心点与基线垂直的线。

（9）视中线　连接心点与视点的直线，它是视线中离画面最短、最正的一条线，又称视距。

（10）视域　人眼睛所看的范围。

2. 平行透视

在 60° 视域中，视点对立方体平视运动观察，立方体不论在什么位置，只要有一个可视平面与画面平行，立方体就和视点、画面构成平行透视关系。它的侧面水平边棱，均与画面垂直，并向中心部位纵深延伸、消失。这时，立方体在视线的投射下，就会在画面上形成一点消失状态的透视图。这个含义，包括具有立方体性质的任何物体。

在图 2-3 中，各立方体虽然都有一个平面与画面平行，但由于位置不同，其形态特征不一样。从构成各立方体透视图的平面特点分析，基本有三种形态。第一种，立方体恰好处在心点位置时，只能见到一个无透视变化的正方形原面；第二种，立方体处在心点以外的视平线或正中线上时，可以见到两个面，或正方形原面加一个侧立面，或正方形原面加一个水平面（或正方形原面加一个斜面）；第三种，除以上情况外，立方体最多可以见到三个面，正方形原面加上一个侧立面和一个水平面（或是正方形原面加上两个斜面），如图 2-4 所示。

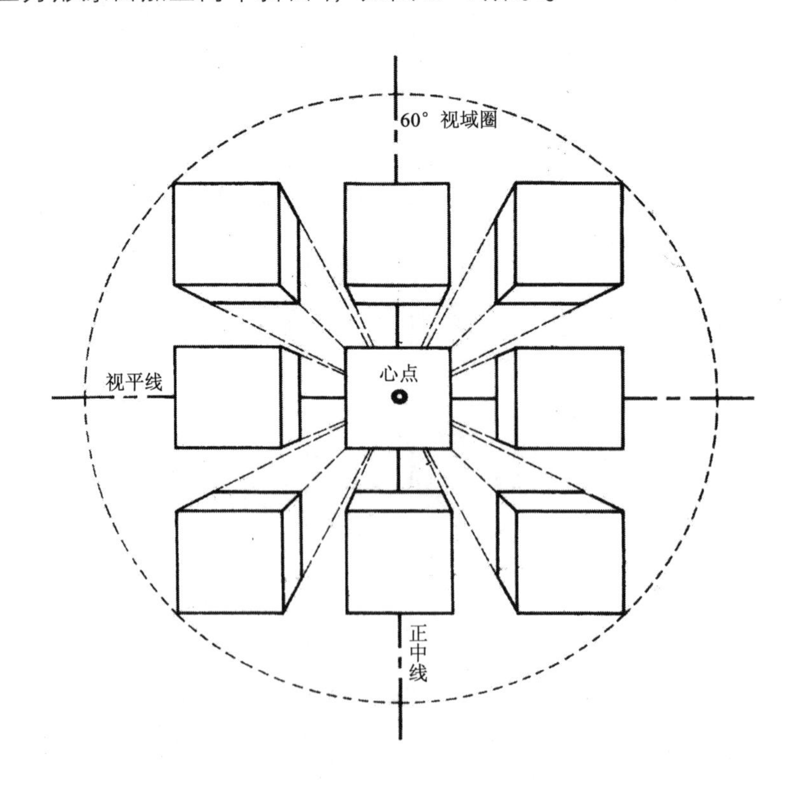

图　2-3

图 2-5 左图是平行透视建筑写生，右图是对它的解体透视分析。把建筑各部位分解、简化为各种位置的立方体、长方体关系，从中可以清楚地看出，处于平行透视关系的建筑物各部位，具有与图 2-3、图 2-4 各个立方体相同的透视变化。

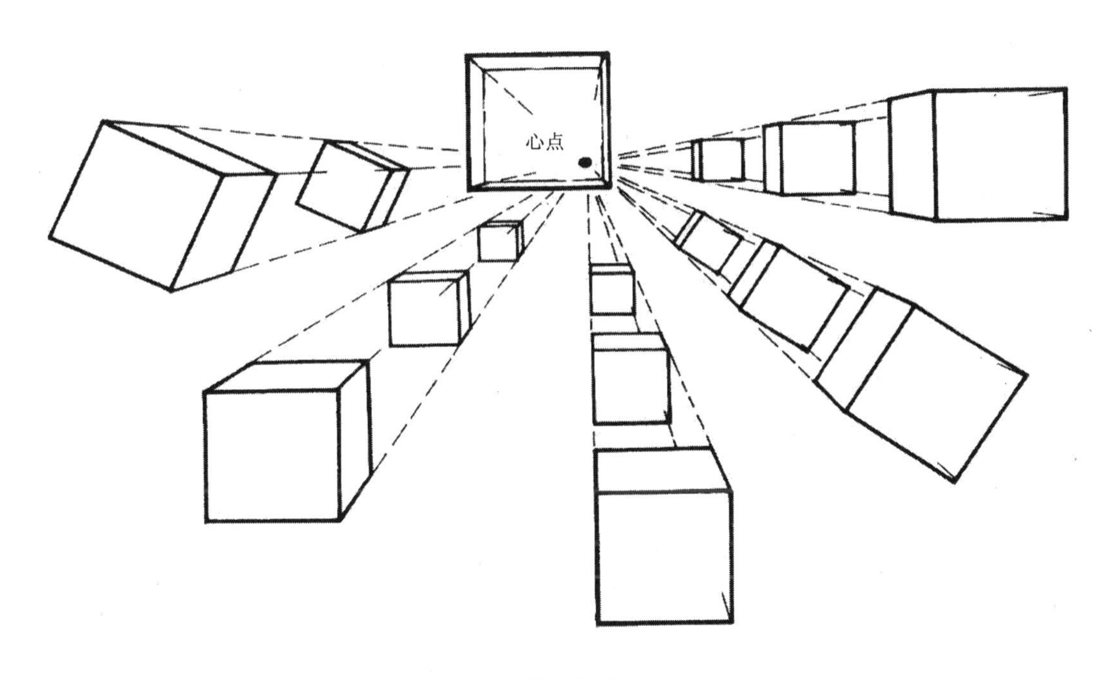

图　2-4

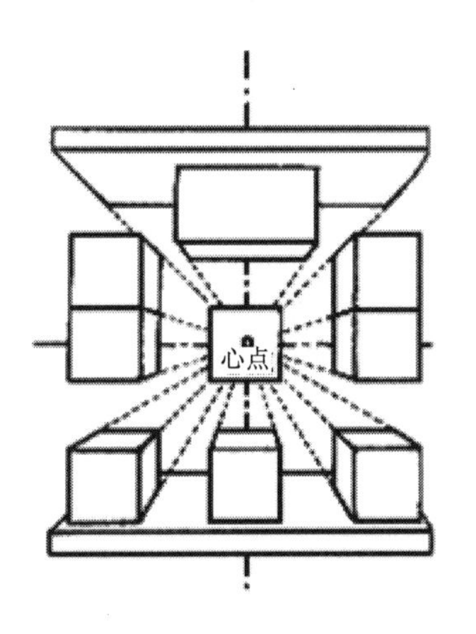

图　2-5

3. 成角透视

视点对立方体进行平视运动观察，在 60° 视域中，立方体没有一个平面与画面平行，且有一条与基面垂直的边棱距画面最近，立方体就和视点、画面构成成角透视关系。它的左右两组水平边棱均与画面成 90° 以外的角度，并向心点两侧延伸、消失。这时，立方体的透视图如图 2-6 所示进入了两点消失状态。这个含义同样适用具有立方体性质的任何物体。

图 2-7 右图是成角透视建筑写生，左图是对它的透视分析，从简化的方形体消失变化中，可以清楚地看到，处于成角透视关系的建筑的基本形体，具有与图 2-6 立方体同样性质的变化。

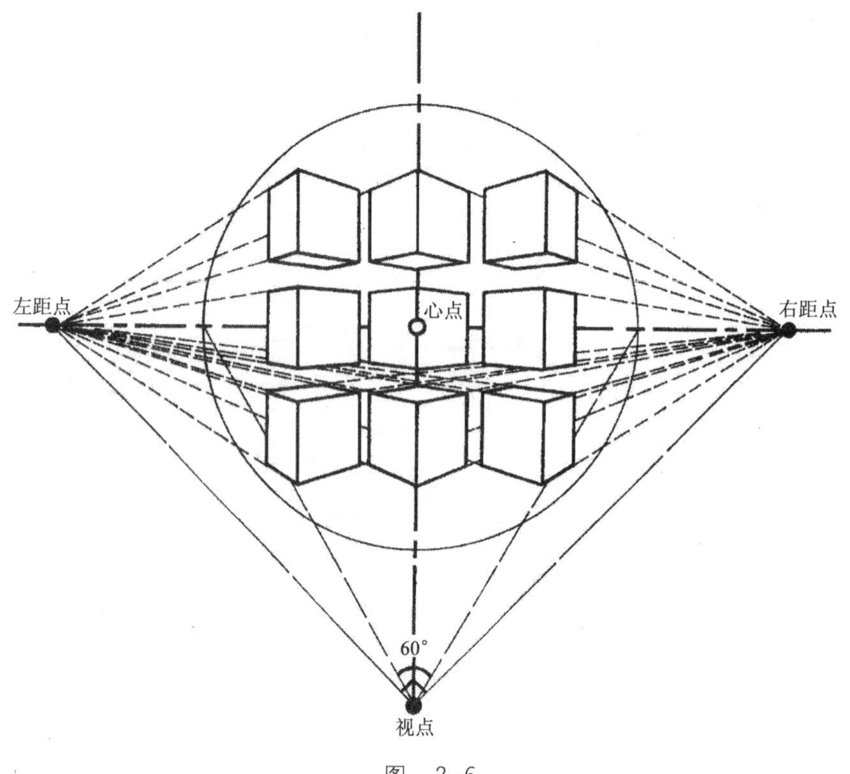

图　2-6

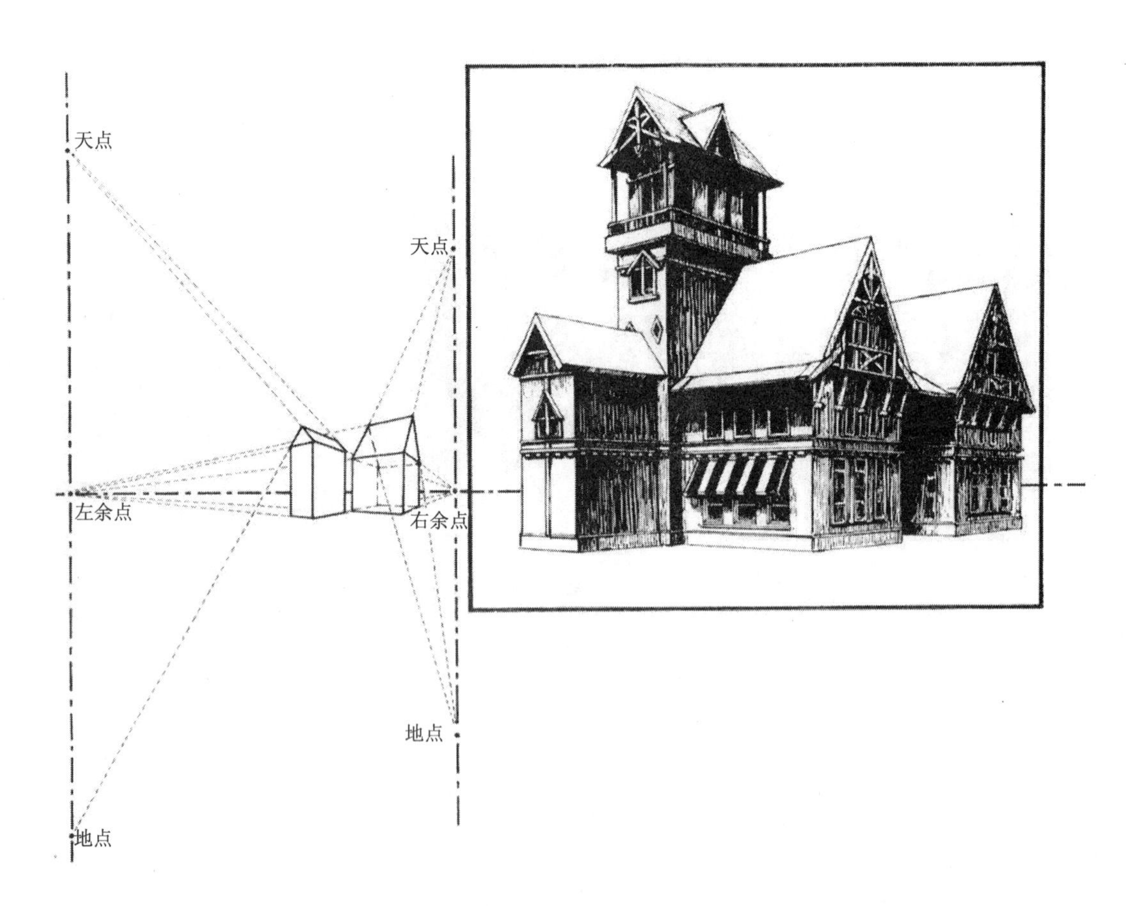

图　2-7

在速写的透视学习中，通过观察和体会，掌握基本的技巧，并能够正确运用就可以了，不要求孤立地研究透视规律。

单元小结

本单元的学习内容主要分两个课题。课题一要求学生明确建筑速写的特点；了解建筑速写所使用的各种工具。课题二要求理解透视及透视现象的概念及基本要求；掌握平行透视、成角透视的原理，并做到能结合实物进行透视分析。透视规律在建筑速写中是非常重要的，在写生过程中我们要结合实际建筑物来分析研究，而不要孤立地学习透视规律。

能力训练

（1）主要任务　选择从三种不同视角拍摄的建筑实景图片，分析其透视规律。

（2）项目实训目标　了解透视中的基本术语，掌握平行透视、成角透视的基本特点。能够准确分析建筑速写中常用的透视规律。

（3）探索与实践　用草图形式分析图片中的建筑物的透视，并用基本术语标示，总结该种透视规律的特点。

（4）归纳与提高　通过练习将透视知识变成自身的透视感觉，应用到速写练习中去。

第二部分

观察与表现形式

【知识要点及学习目标】

本单元是讲述学习方法的章节，主要介绍建筑速写的观察方法、表现形式以及表现要点等内容。要求了解并掌握建筑速写构成的各种表现形式、观察方法及表现的要点。对于初学者而言，在其形式上可多加实践，可以根据作画时间及实际场景的需要来选择。

课题三　表 现 形 式

1. 单线画法

敏锐的观察需要及时准确的表现才能得以体现。建筑速写的意图表现离不开线条。线条是一种最直接、最单纯的绘画表现语言，从原始的洞穴壁画（图 3-1）到现代造型艺术（图 3-2），线条总是以其特有的品质发挥不可替代的主导作用。线条的运用同样是建筑速写的关键，因此，我们要了解不同的线的寓意，提高使用线条的能力。

（1）线的表情　绘画中的线条是作者情绪的反映。一条随意画出的线，由于力度、速度、方向的变化，所产生的视觉效果会截然不同。每条看似简单的线条都蕴含着不同的“意味”，这种意味来自对对象的观察和体验，即线条具有象征、联想作用。以线的不同方向为例（图 3-3），垂直线象征着生命和尊严；水平线象征着安详和广阔；斜线象征着生动和力量；曲线象征着优雅与和谐；而垂直线与水平线的结合则是理性的代表等。画线的速度变化也会产生不同的视觉感受，快速用线有速度感；缓慢用线则会产生沉稳内向的效果。作为画家或建筑师，可在掌握了不同线的含义之后，借助线来表达对象的特征。

在建筑速写中，当我们遇到不好把握的长直线和弧线时，可以在纸上设置两个或两个以上的连接点，在某一处点上稍作停顿，然后画出下一段线条，这样就能避免在用笔上出现错误（图 3-4）。

图 3-1　拉斯考克斯洞穴壁画

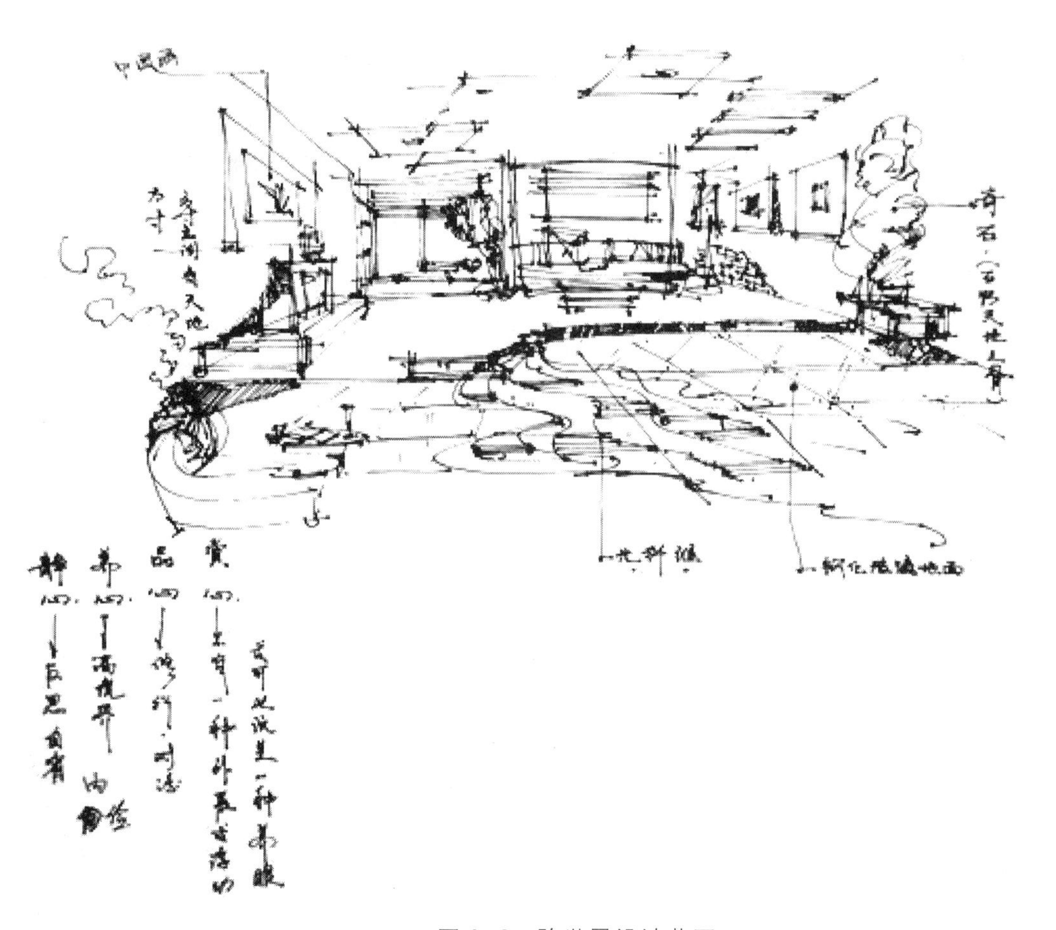

图 3-2　陈世民设计草图

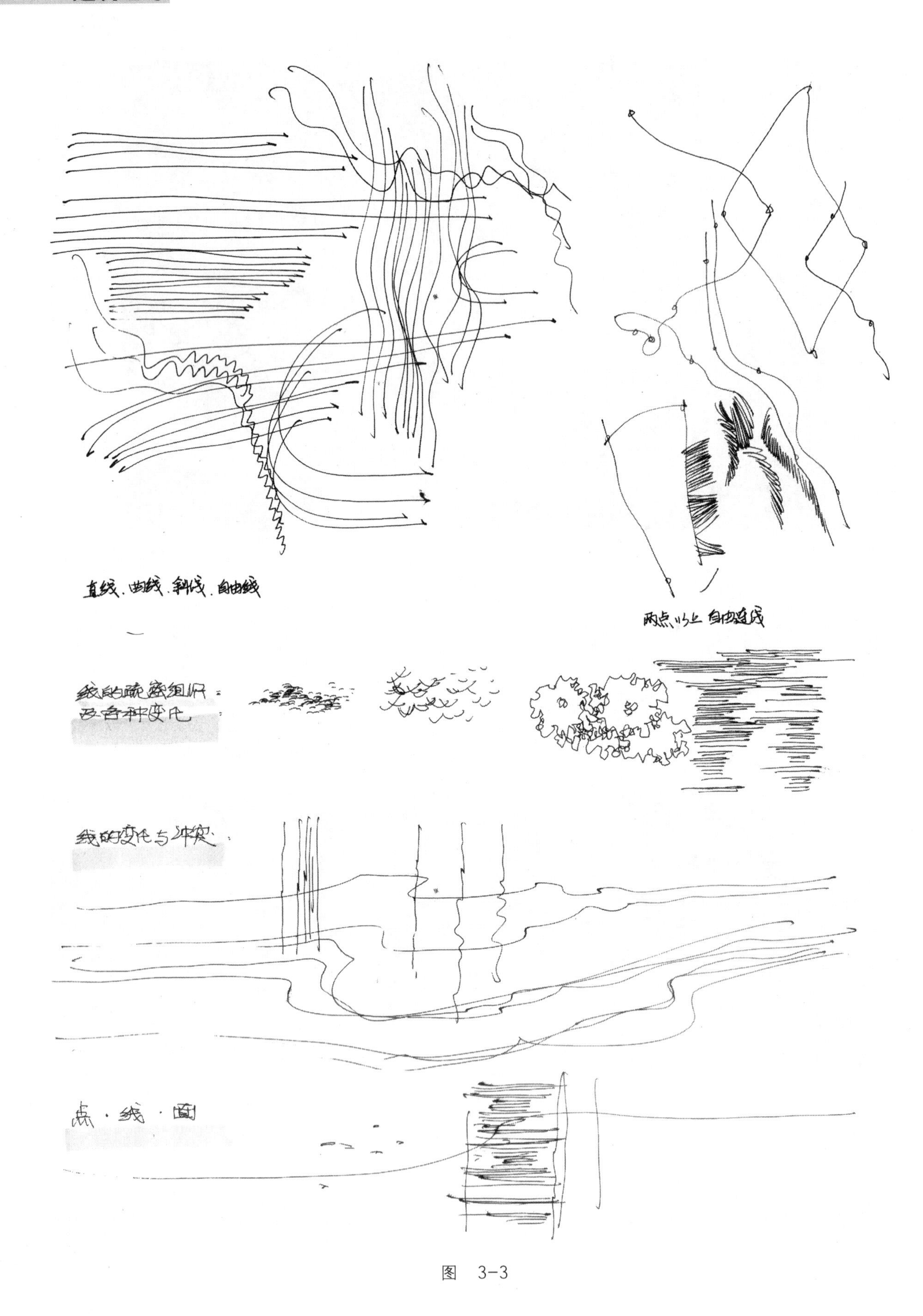

图 3-3

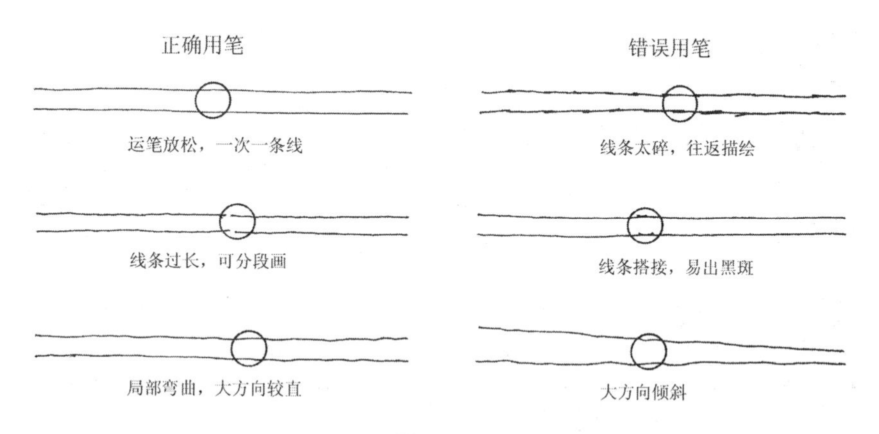

图　3-4

（2）线的造型功能　绘画是造型艺术，描绘客观形象是造型的基本内容之一。面对复杂的建筑物，如何用线恰当地表达及如何将现实的三维形态转化为二维形态，是线的造型功能所要解决的问题。概括起来，其造型功能主要包括形体轮廓和形体转折两方面内容。形体轮廓即物体呈现给外界的形状，它反映了物体的基本造型特征，剪影艺人所表现的剪出的形象是典型轮廓造型的例子。在速写中如果仅仅用线来表现物体的外部轮廓，即使它有生动优美的一面，但画面中的物体缺乏空间感和立体感。如果要想表现物体的立体空间感，需要借助线的另一个功能——形体转折，即表现形体的相互穿插和透视关系。通常物体的复杂关系并非只是轮廓线表现得那么简单，要想完整客观地表现物体形象，其形体之间的相互穿插和透视关系也是线描表现的重要内容。只有将它们之间的相互关系表现清楚，才能给人以正确的空间感和立体感。如图 3-5 所示，现代建筑中钢结构的运用越来越多，尤其是以钢结构为主要特色的建筑，用线表现是最佳选择，能较清晰地表现出钢结构的建筑关系和构成节点。

图 3-5　姜亚洲作品

（3）线条的装饰性　线条除具有造型功能之外，还具有一定的装饰性。许多优秀的建筑作品画面中运用的线条能够起到装饰作用，有一种强烈的形式美感。这种用线强化了情感表达，丰富了绘画语言，表现出了鲜明的艺术个性。如图 3-6 所示的吴冠中笔下的乌江人家，房顶线的有序排列及水的曲线表现，使整幅画面充满了艺术装饰趣味。

图 3-6　吴冠中作品

2. 明暗光影画法

（1）明暗规律　建筑速写是平面的造型艺术，要在二维的平面中表现立体的空间效果，就需运用到明暗的表现手法。建筑速写的明暗处理和素描的基本规律是一致的：亮的主体建筑物衬在暗的背景上；暗的主体建筑物衬在亮的背景上；主体建筑物亮、背景亮，中间要有暗的轮廓线；主体建筑物暗、背景暗，中间要有亮的轮廓线（图 3-7）。如果没有明暗对比和间隔，主体建筑物形象就可能和背景融成一片，丧失被视觉识别的可能性。画面背景的处理是建筑速写画面结构中不可忽视的一部分，在绘画中必须细心处理，才能使画面内容精练准确，使视觉形象得到完美表现。

（2）光影效果　建筑物由于受日光的照射，会随着地点、季节、时间和气候条件的不同而呈现给人们不同的感觉，从而直接影响画面中建筑的光影关系和气氛。这就要求我们要了解光的特性，注意观察不同光照下建筑物的特点，从而能够将其三维空间真实地表现出来，要利用那些简洁、形状鲜明而整齐的阴影作为画面的组成部分，形成画面的节奏感。如图 3-8 所示，通过归纳建筑物上的光影效果所产生的明暗色调的变化，来表现建筑的形体特征和体量感。

图 3-7 陈新生作品

图 3-8 彭岩作品

3. 线条与明暗光影结合画法

我们面对建筑物进行写生时，在表现对象的结构和形态特征的同时也不应忽视对明暗及阴影的描绘。线面结合作为一种建筑速写技巧，在线的基础上施以简单的明暗色调，可使建筑形体表现得更为充分。此种表现手法综合了单纯以线表现和明暗表现两种方法的优点，又补其二者的不足。它的优点是比单用线条或明暗绘画更为自由、随意、富有变化，适应范围广。建筑速写往往由于受到时间以及环境条件的限制，不太可能在现场上做过多的细致刻画。因此，这种形式的画法更适合在室内案头对建筑速写做后期处理。线条的疏密排列能展现独特的感人意境。这种排列不是随意的组合，而是根据所描绘的景物的态势而进行的。如图 3-9 利用明暗调子与线条结合的建筑速写，使画面更具有层次感和节奏感。

图 3-9 学生练习

课题四　建筑速写观察方法与表现要点

1. 观察方法

有人说，出色的设计师是考古学家的眼睛、科学家的头脑、艺术家的表现力、工匠的巧手集于一身，擅长发现美、挖掘美、创造美、组织美、经营美。作画时，要在较短的时间用最能表达中心的表现手法将对象准确地描绘出来，这就需要我们做好充分的准备，除了对工具和材料的基本准备之外，对建筑物的正确观察是作品构思与着笔的重要环节。

（1）整体观察　面对纷繁复杂的建筑物及配景，很多人会感到手足无措，无从下手。但如果将这些复杂的物体进行概括归纳后再去观察，就容易多了。举一个浅显的例子大家就会明白这个道理，如果将 1 根线段平均地分为 8 段，同学们会如何分？大家可能不约而同地都会选择从 1/2 再从 1/4 最后到 1/8 的方法。因为同时比较 8 根线段会感觉无从下手，但概括为 2 根线段后就很容易进行观察比较。速写写生比分线段要复杂得多，更应该运用整体观察的方法。以图 4-1 所示立方体写生为例，它本来是由 9 根线段组成，但如果把它概括为 4 根线段后再来进行观察比较就容易得多。

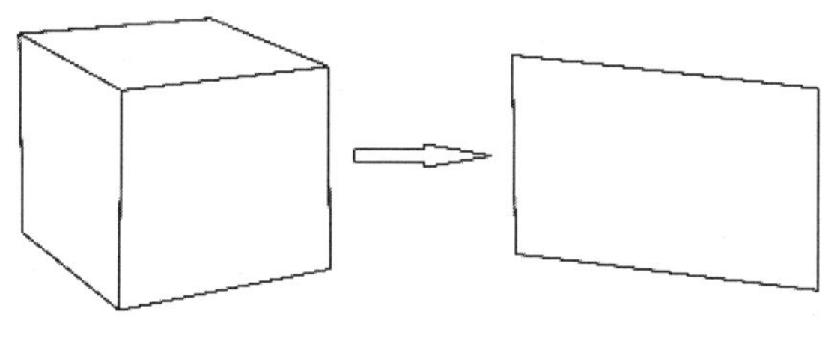

图 4-1　整体观察

（2）比较观察　比较观察是人们最容易用到的一种观察方法，它是凭眼睛的感觉对物体相互之间的比例、大小、宽窄、长短等进行相互比较，如图 4-2 所示。

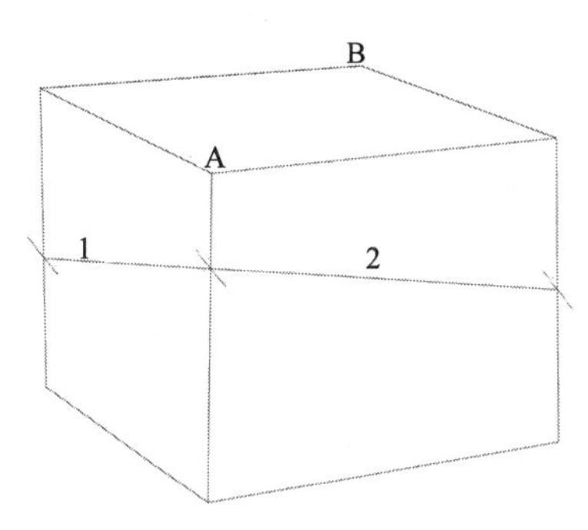

图 4-2　比较观察

但有许多同学在写生时过多地依赖比较观察，甚至采用铅笔测量法来将物体之间的比例一点一点地量出来，这样根本不可能量出正确的比例结果。正确的方法是比较观察与联系观察互相结合，互相印证。

（3）联系观察　我们描绘的物象是一个互相联系、不可割裂的整体，在观察时只有通过将所描绘的部分与其他部分相互联系，发现它们之间的相互关系，才能准确地确定所描绘部分在整体中的位置。但初学者写生时往往感觉眼睛不够用，顾不上联系观察。要掌握联系观察的方法，必须自己发现错误，而不是依靠别人纠正。通过整体观察先把建筑物看做长方体或立方体，再运用联系观察，如图 4-3 所示，要确定 A 点的准确位置，我们不能仅仅通过 B 点和 D 点的交叉来确定，还应与 E 点和 C 点等联系起来观察，才能更准确地确定 A 点在立方体中的位置。

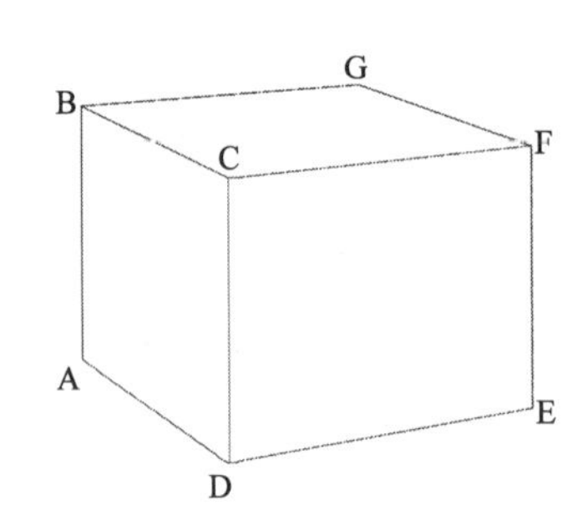

图 4-3 联系观察

2. 表现要点

（1）概括取舍　在写生过程中，我们所面对的建筑物及周围的环境是纷繁复杂的，如果不进行取舍，机械地记录下来，必将影响我们的注意力，画面会显得凌乱、花杂而无主次之分，中心重点无法突出。只有将这些细节删去，保留最重要、最突出和最有表现力的东西并加以强调，才能强化其艺术效果。这就需要我们学会概括归纳、去粗取精。为了使画面更富有节奏感、主题更清晰，可以将某些有益的实景搬过来，以充实其内容。如图 4-4 是校园写生作品，作者为使画面取得视觉平衡，将视线外的树木移到画面左上角，取得了很好的效果。

图 4-4 学生练习

图 4-4　学生练习（续）

（2）布局均衡　任何形式的画面，只有做到既均衡又多样统一，才是一幅较为理想的构图。所谓均衡，就是画面在上下左右部分的比重，在视觉上给人以“势均力敌”的感觉。这里的均衡不等同于平衡。对均衡的把握，还需要靠我们的视觉感受和对画面的理解、分析和判断来进行。在画面上要取得均衡，首先是依靠构图的处理，其次是通过视觉的感受和色调的配置来实现的。如图 4-5 所示，将半截围墙放置在画面最前方，右下角小面积地表现密集的房屋，大面积空白处穿插了电线，上面的几只小鸟使画面瞬间有了灵气。画面中围墙、房屋的大与小、疏与密、明与暗的对比，以及画面右上部线与点的组合，使画面布局有了平衡感。

图 4-5　吴冠中作品

（3）突出主体　主体，是指画面中最为突出、最为明显的一个或一组景物。画面的主体形象直接影响着画面要表达的主题。突出主体，最重要的是主体在画面的位置要安排适当。通常情况下，主体应置于画面中心附近。在处理宾主问题时，对其的刻画力度和着墨也应不同。以建筑外观综合表现为例，主体部分刻画应较为深入，一般情况下将其安排在画面的中景；配景和次要的部分刻画应较概括、省略并安排在画面的近景和远景，如图 4-6 所示。

图 4-6　申作伟作品

（4）强调对比　对比是艺术作品中不可缺少的表现手段。画面正是因为有了大与小、曲与直、冷与暖、粗与细、简与繁、疏与密等造型元素的形式对比，才具有了艺术美感，如图 4-7 所示。因此，我们在写生中要注意画面中各种形式要素的处理，以求使画面达到较好的视觉效果。如图 4-8 所示，其画面表现扎实而细腻，局部采用了疏密对比的手法，使画面松紧有序。

图 4-7　崔冬云作品

图 4-8 彭岩作品

单元小结

本单元主要包括两个课题的学习内容。建筑速写的三种表现形式都非常重要：单线画法要了解线的表情、线的造型功能以及线条的装饰性；明暗光影画法的处理方法与素描基本一致；线条与明暗光影结合画法可充分表现建筑形体，弥补前两种画法的不足。正确的观察方法是画好建筑速写的前提，在学习过程中要结合实际建筑物分析研究，不要孤立地观察。

能力训练 1

（1）主要任务 选择多幅（数量不限）不同表现形式的优秀建筑速写作品进行赏析，并对比其不同表现手法的特长。

（2）项目实训目标 了解几种不同的表现手法，进行赏析并体会不同表现形式产生的不同视觉感受。

（3）探索与实践 进行各种线条的练习，以提高运用线条表现的能力。

（4）归纳与提高 选择自己喜欢的表现形式来表现物象，并在此基础上将个人的绘画习惯、形式趣味、审美倾向及情绪情感表现出来，逐步形成个人的风格。

能力训练 2

（1）主要任务 选择校内的实训环境，针对具体的建筑物，分析如何运用正确的观察方法概括、归纳、写生，以及如何体现画面对比元素。

（2）项目实训目标 掌握整体概括归纳的能力和恰当运用对比要素的能力。

（3）探索与实践 运用正确的观察方法和概括取舍的表现手法，将室内外空间中各种复杂的物象抽象为几何形，进行几何体组合创作的练习。

（4）归纳与提高　由简入繁，循序渐进，在概括的基础上再进一步运用对比元素刻画细节。

能力训练 3

（1）主要任务　选择具体的建筑物进行不同角度的小构图练习。

（2）项目实训目标　从不同角度、不同空间透视等方面进行观察与构图，能够把观察到的景物合乎视觉规律地安排进画面中。

（3）探索与实践　通过对同一建筑物进行不同的构图取景，体会不同角度空间透视的变化以及不同构图带来的不同感受。

（4）归纳与提高　锻炼学生对画面的整体掌握能力和组织能力，有助于促进灵感的发掘，提高艺术审美趣味。

第三部分

分析与应用

课题五　室内空间表现

【知识要点及学习目标】

室内空间是一个具有建筑、科技、人文、心理、视觉等因素的综合环境。构成室内空间的要素很多，在表现时也要有所区别。从画一些室内陈设和室内局部速写开始，再过渡到完整的不同空间的室内速写，通过对这些空间的认识与表现，把握与运用多种表现技巧，逐步培养学习者的观察能力、表现能力与设计构思能力。

1．室内陈设的表现

室内陈设是指室内的摆设，是用来营造室内气氛和传达精神功能的物品。室内陈设从使用角度上可分为功能性陈设（如家具、灯具和织物等）和装饰性陈设（如艺术品、工艺品、纪念品、观赏性植物等）。室内陈设速写就是对室内陈设和室内家具进行的速写。

家具是室内设计师经常表现的对象。因此，在室内空间表现中，要适当加强对室内各种家具的速写训练。表现家具可以尝试从不同的角度、位置来绘制同一种家具，切实地掌握室内家具的比例结构、透视关系、材料的质感和量感及空间位置感。

在绘制家具之前，应该整体观察并分析出有关家具的比例、尺度、结构、透视关系及其风格特点，然后根据家具的结构画出大的轮廓。可以先用几何的方法进行分析，画的时候就容易把握。在此基础上，进一步表现家具的特点和细节的部位，注意不同材质的质感表达。与此同时，应注意视点高低的选择、表现的视觉合理性以及线条的流畅性和准确性，如图 5-1、图 5-2 所示。

如画椅子时，首先整体观察椅子的结构特点和比例关系，从椅子的外形入手定出它的高度及宽度，注意比较椅子外轮廓上下、左右每一个点与线的关系，比例和位置关系正确了，透视自然而然就对了。要注重对椅子拐角处的刻画，它能反映椅子的质感。在确定椅子的几何体面关系之后再画椅子的腿，应注意椅子的腿及底部要在一个水平面上，如图 5-3、图 5-4 所示。成套的桌椅应风格统一，材料的质感应互相协调。应注意桌椅组合时的透视关系，桌脚与地平面的透视也要保持一致。

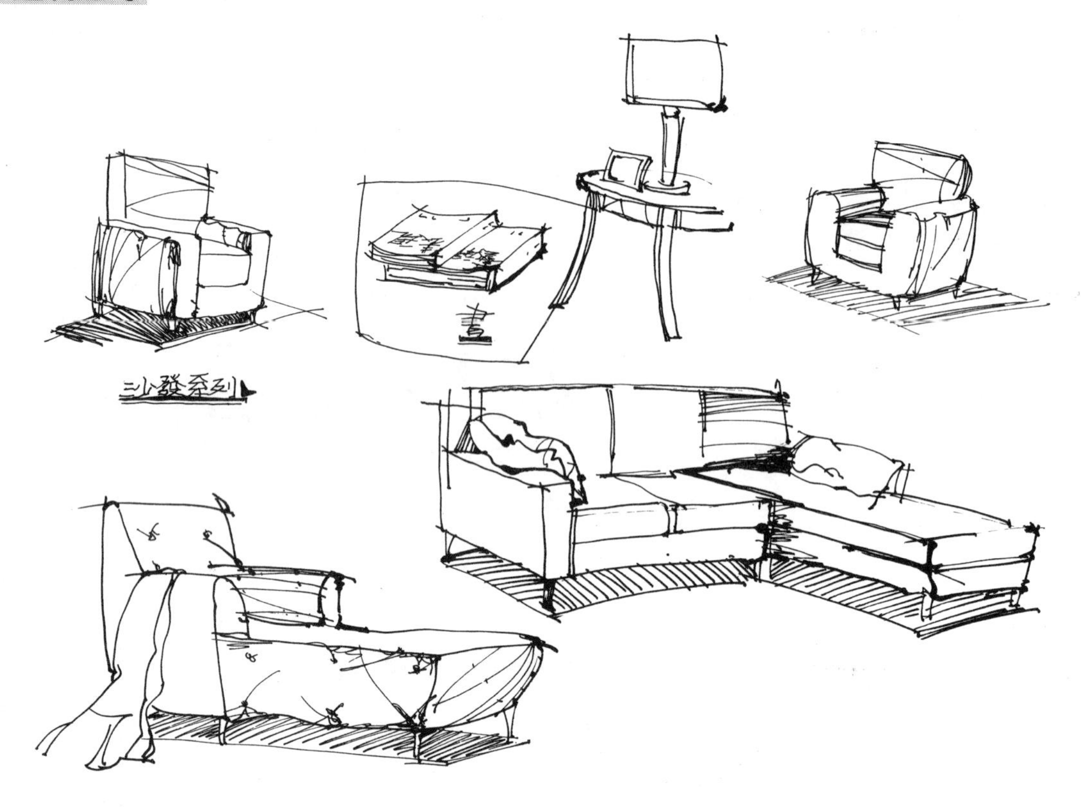

图 5-1

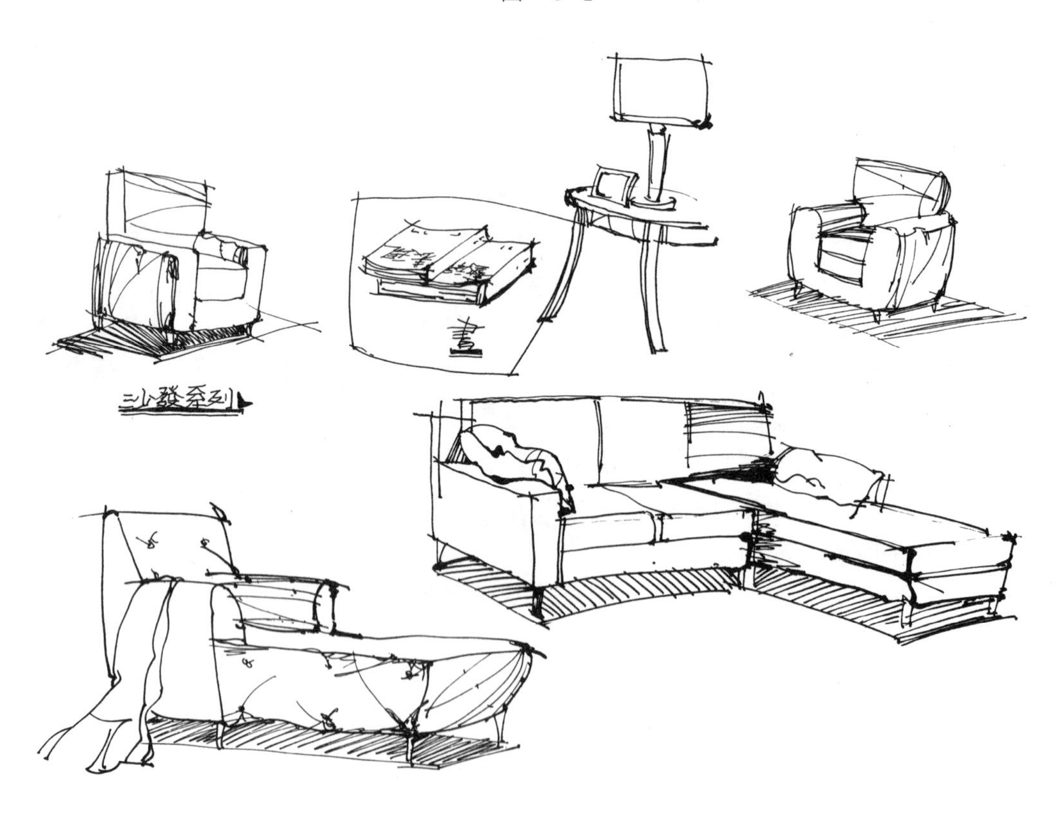

图 5-2

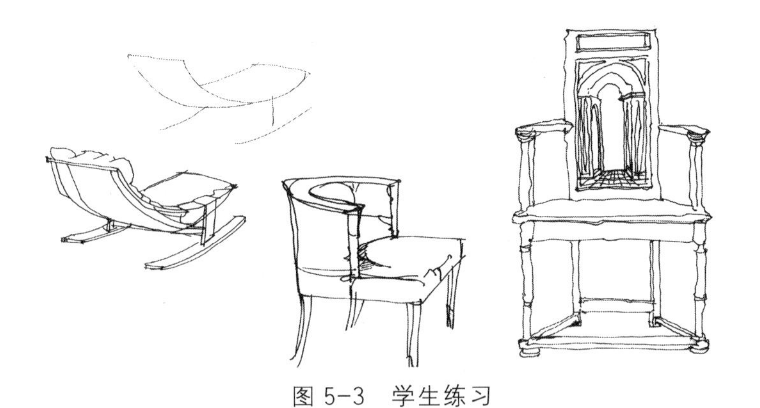

图 5-3　学生练习

图　5-4

用速写的方式来表现不同材质的家具时，要注意通过点、线、面不同的表现形式来体现其材质和风格特点，如图 5-5 所示。如木制家具的特点就是棱角分明、明暗面区分明显，边角的部位比较硬朗。如图 5-6、图 5-7 所示为家具的速写作品。

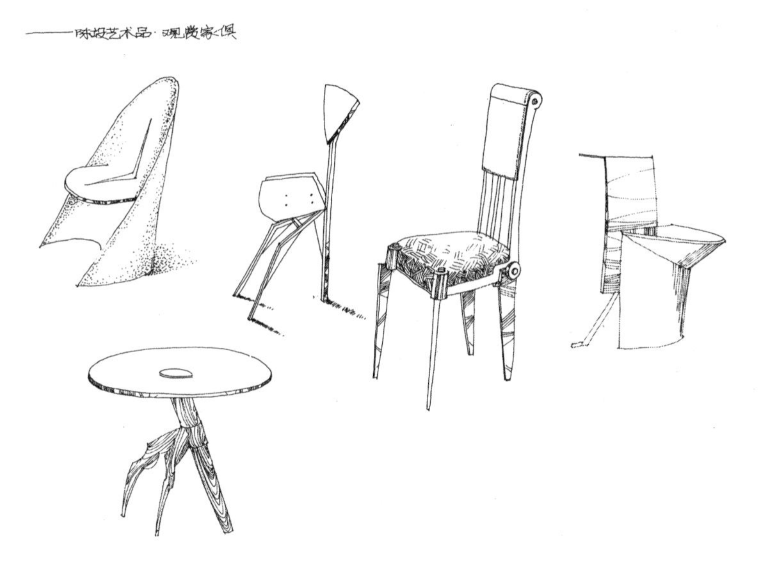

图　5-5

图 5-6

图 5-7

布艺家具的主要特点是柔软的质感，应尽可能避免使用太多刚性和转折生硬的线条，尤其是在边角的处理上要柔软，多用弧线，少用直线和折线。可以通过多排线的方式表现其柔软的过渡和转折的部位，如图 5-8 所示。

金属和玻璃结合的家具应注意金属的质感和光感的表现。如玻璃茶几，玻璃水平面上一般要用竖线条表现反光，垂直面上要用倾斜的线条表现光感和投影。线的排列要注意疏密对比，切忌平均分布，如图 5-9 所示。

灯具是室内重要的组成部分和配景。现代的灯具种类繁多，千姿百态，是美观和实用的统一体。灯具主要分为吊灯、壁灯、台灯、落地灯、射灯等。表现与绘制时要把握不同灯具的造型特点风格和材质特点，如图 5-10 所示。

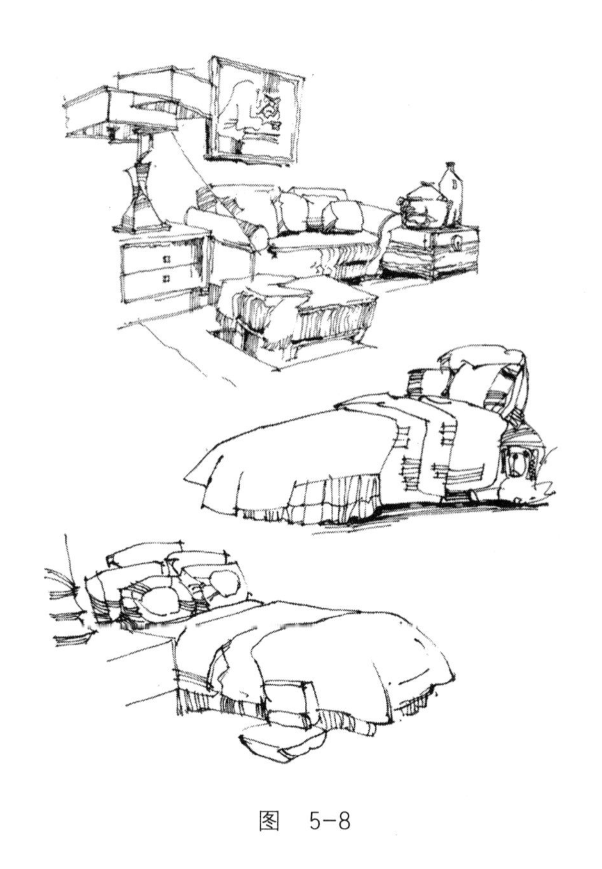

图　5-8

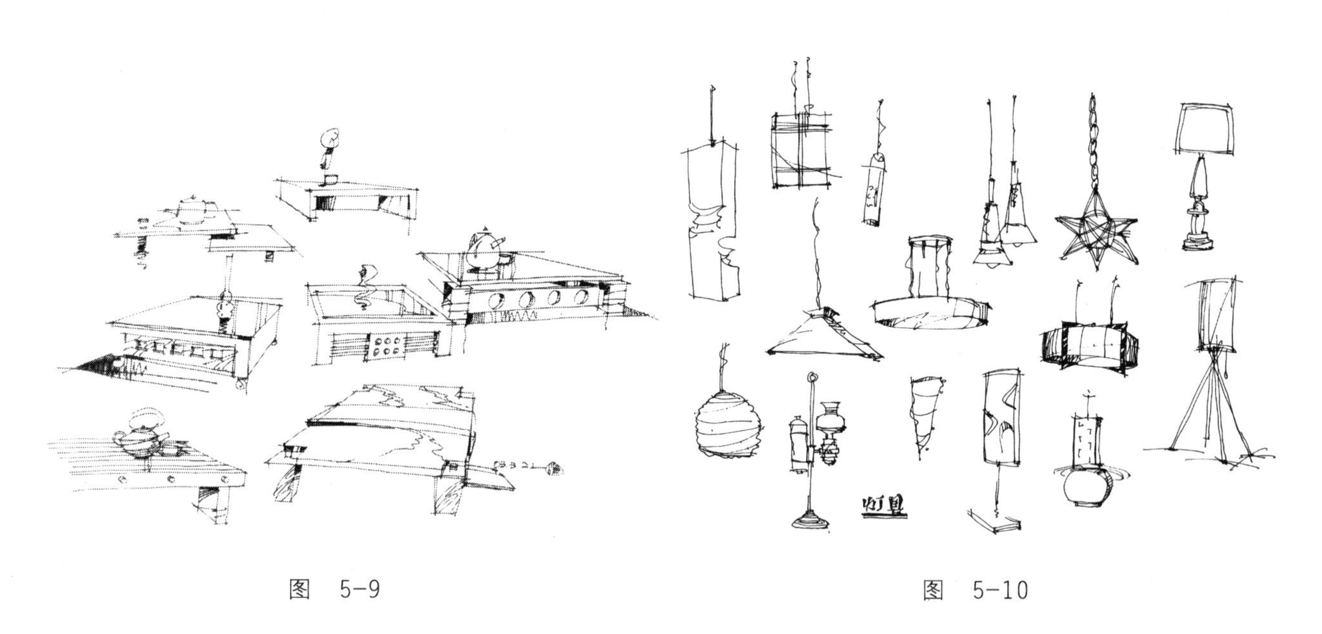

图　5-9　　　　图　5-10

电器是现代社会日常生活中的重要组成部分，也是室内空间功能的重要标志特征。电器的风格和造型较有现代感，比较容易表现和掌握，不用过多地表现细节，主要把材质的质感区别开就可以了，如图 5-11、图 5-12 所示。

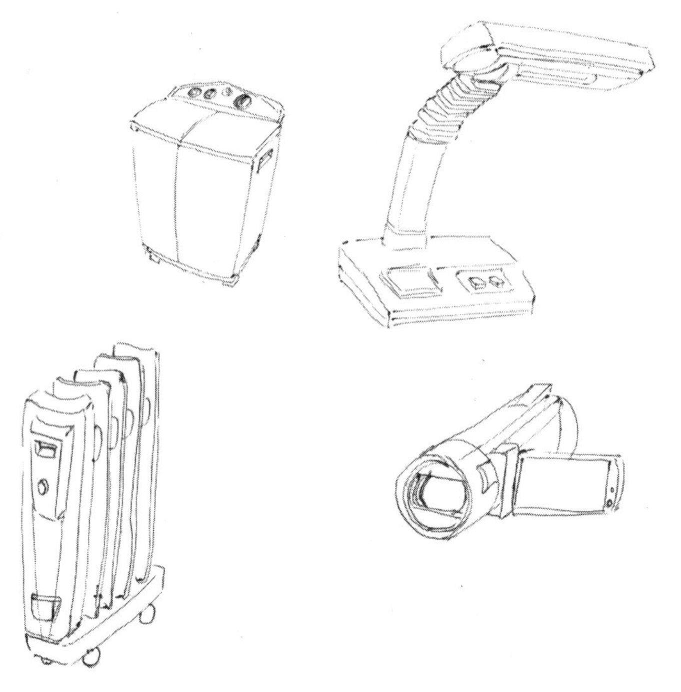

图 5-11　赵广超作品（学生作品）

图　5-12

在室内空间中，有非常多的起到装饰作用的小摆件和饰品，例如地面上的地毯，桌子和茶几上的花瓶、酒杯，墙面上的装饰画等，它们起到了装饰和点缀空间的作用。因为其种类、样式及材质繁多，应在了解其功能的基础上重点塑造造型，并区分其材质，如图 5-13、图 5-14 所示。

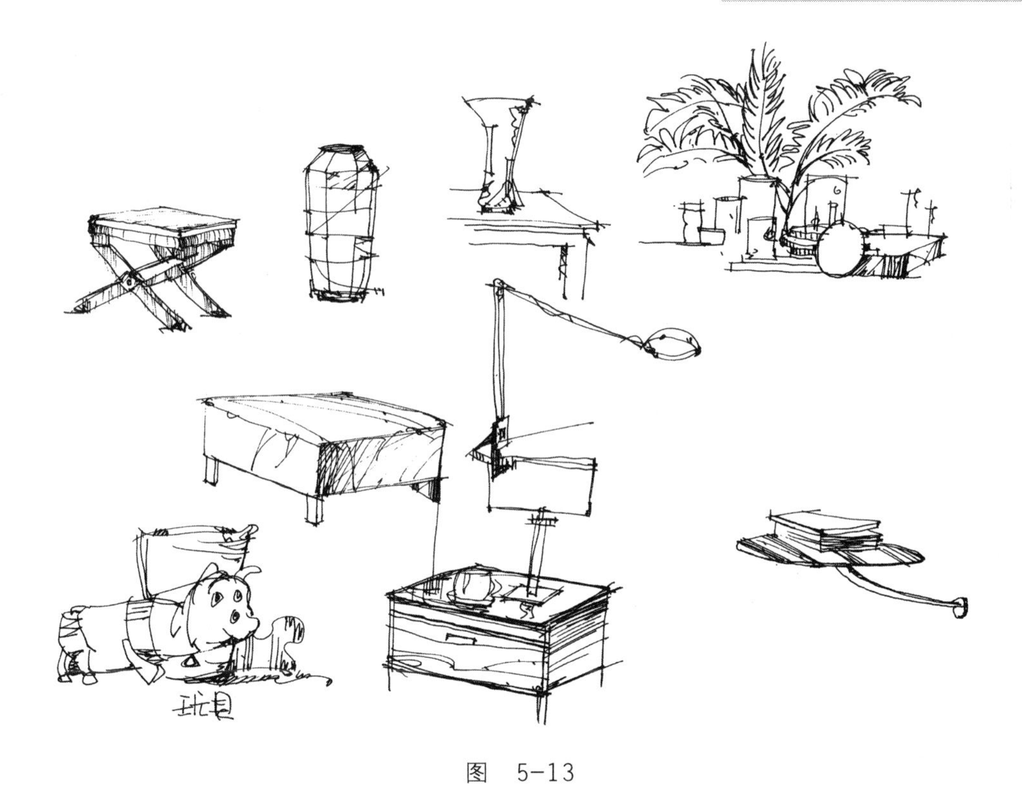

图　5-13

图　5-14

在熟悉和了解一些单体的陈设表现后，可以将它们组合起来进行表现。表现组合陈设时，要注意单体陈设之间的关系，如比例大小、透视关系、相互之间的虚实关系等，还要有场地或环境概念，以便今后准确、很熟练地将它们放到要表现的空间中去，如图 5-15～图 5-20 所示。

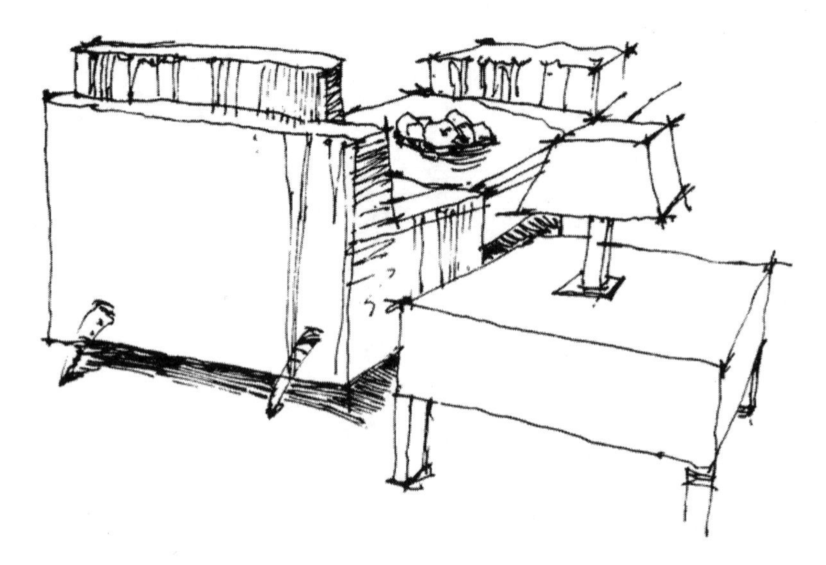

图 5-15　崔冬云作品

图 5-16　崔冬云作品

图 5-17　葛磊作品

图 5-18　彭岩作品

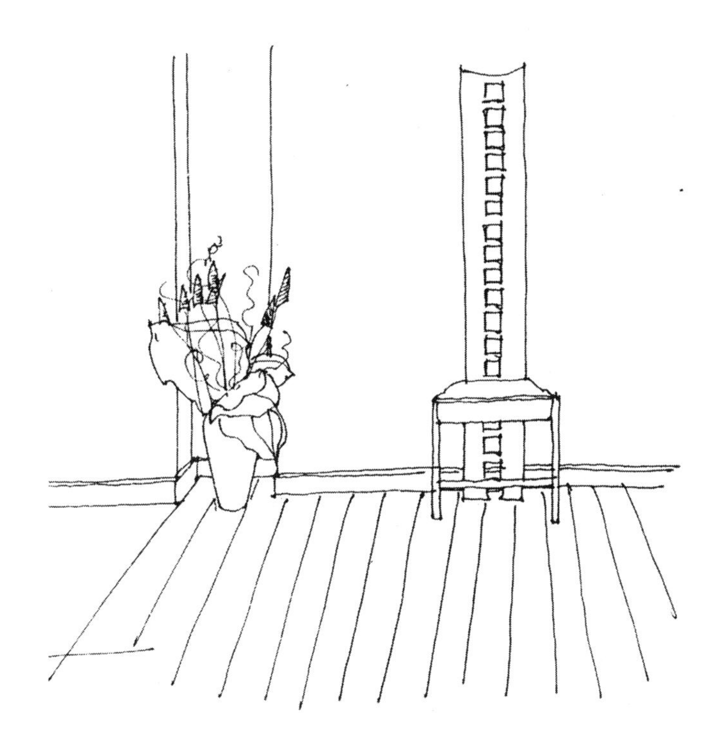

图 5-19　彭岩作品

图 5-20　彭岩作品

在日常的学习和生活中，以速写的形式来搜集和积累优秀的家具造型是非常有必要的。多动笔临摹和写生实践来丰富、积累知识，熟能生巧，才能逐步形成个人的表现风格。

2. 室内空间的表现

室内空间速写就是针对室内空间进行的写生和创作。它以透视原理和人体工程学尺寸为依据，以线条表现为基础，在短时间内将室内空间完整、美观地表达出来。它是对室内空间的构成及各要素的定位进行瞬间的灵感记录，是进行方案推敲、实施工程的依据，也是设计师和客户进行沟通和交流时最直观、有效的视觉语言交流手段。室内空间速写在表现时要注意空间构图的完整性与美观性、画面均衡感的营造、节奏感和韵律感的体现及视觉中心的表现等形式美要素。

室内空间速写对培养设计师敏锐的空间感悟能力以及表现空间范围的控制能力有非常重要的作用。要画好室内空间速写，就要不断地培养自己的空间感受能力，也就是对空间的构架能力和对场景的组合能力。这种能力并非凭空可得，需要做到“眼勤”、“脑勤”和“手勤”，要注意留意、观察、思考和总结，特别是要做到“手勤”。

画好一张室内空间速写，首先要选择适宜表现的角度与构图，给予对象一个完美的构架空间。确定视平线（E.L）和消失点（V.P）的位置是极为重要的，它决定了透视线的方向以及表现空间的主要立面，如图 5-21 所示。

室内空间速写表现的步骤为：

（1）框架空间构图　首先根据视点的位置，定出墙体的空间尺度及透视关系，画出立体空间结构。透视灭点一般定在常人的视点高度以下为宜，这样可以表现出空间的效果与美感。要考虑使画面的主体成为趣味中心，以及各物体之间的比例关系，还有配景和主体的比重等，如图 5-22 所示。

消失点居中心，画面平均呆板

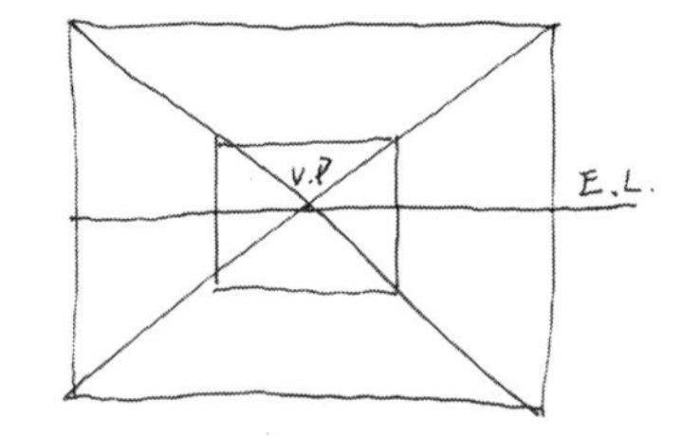

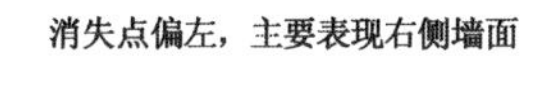
消失点偏左，主要表现右侧墙面

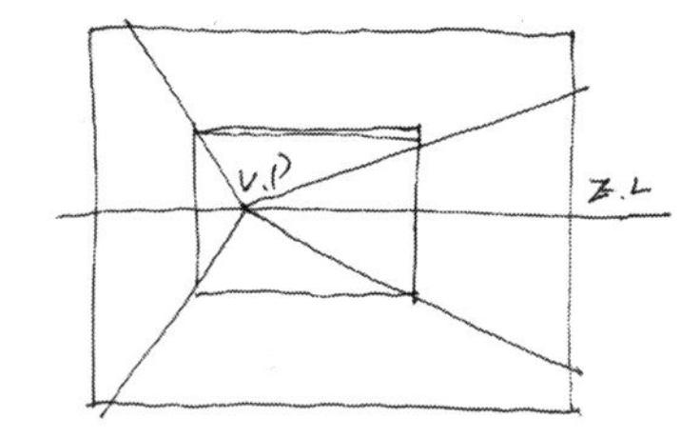

消失点偏上，主要表现地面

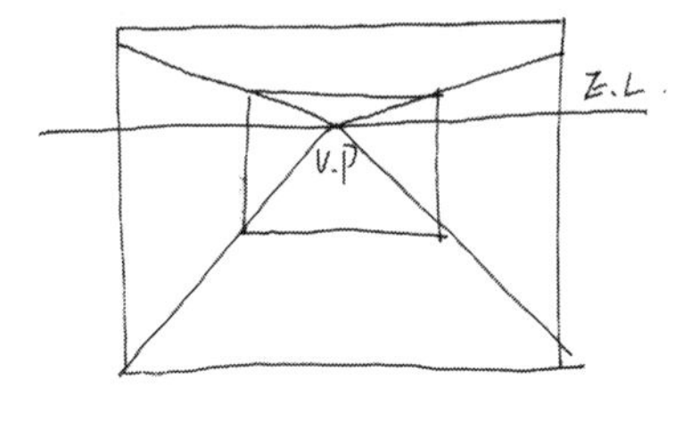

消失点偏右，主要表现左侧墙面

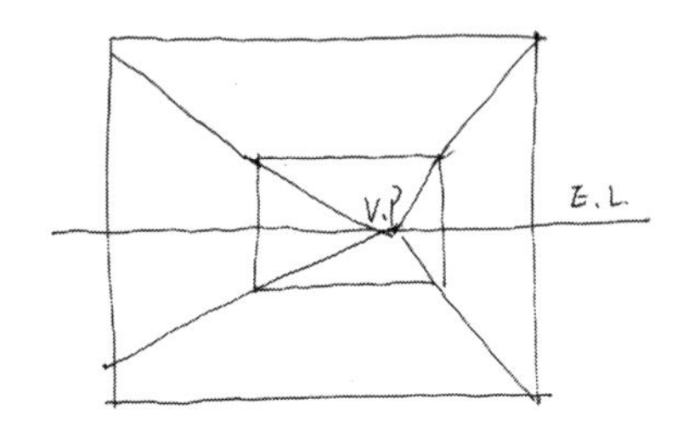

消失点偏下，主要表现顶部

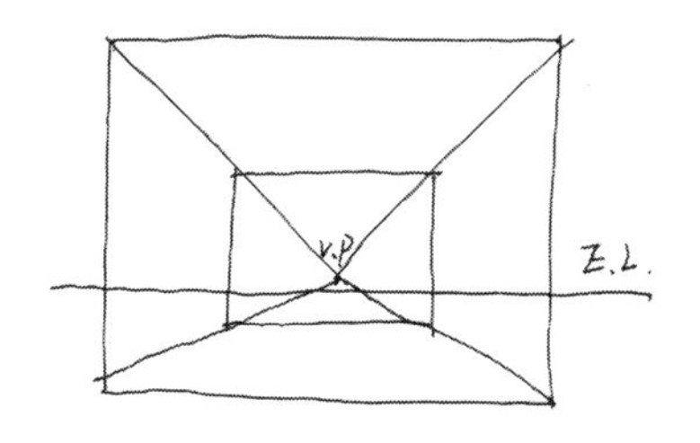

消失点偏左上，主要表现地面及右侧墙面

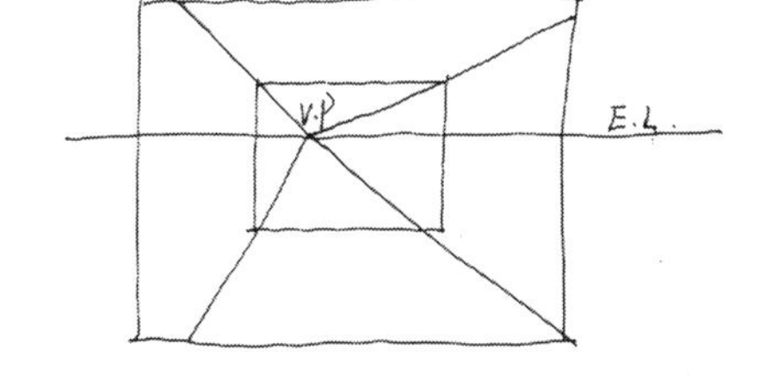

图　5-21

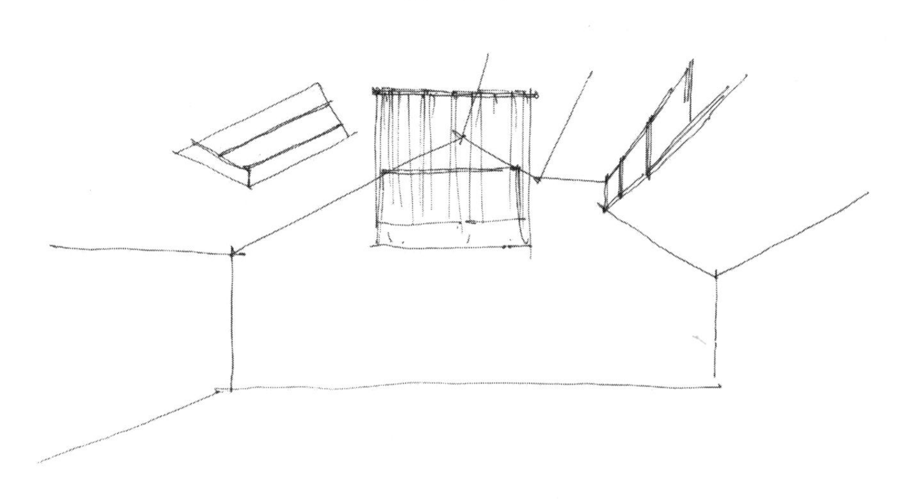

图 5-22　步骤一

（2）架构空间结构　结构是指物体本身的构造及多个物体之间的各种关系，架构空间结构可以理解成定大小，即物体的大小比例关系，确定室内家具及陈设的大小位置和透视的深度。需要注意的是，远近景物的表现要主次分明，远处的刻画要简练，近处的要深入、有细节，同时也要注意透视的关系，如图 5-23 所示。

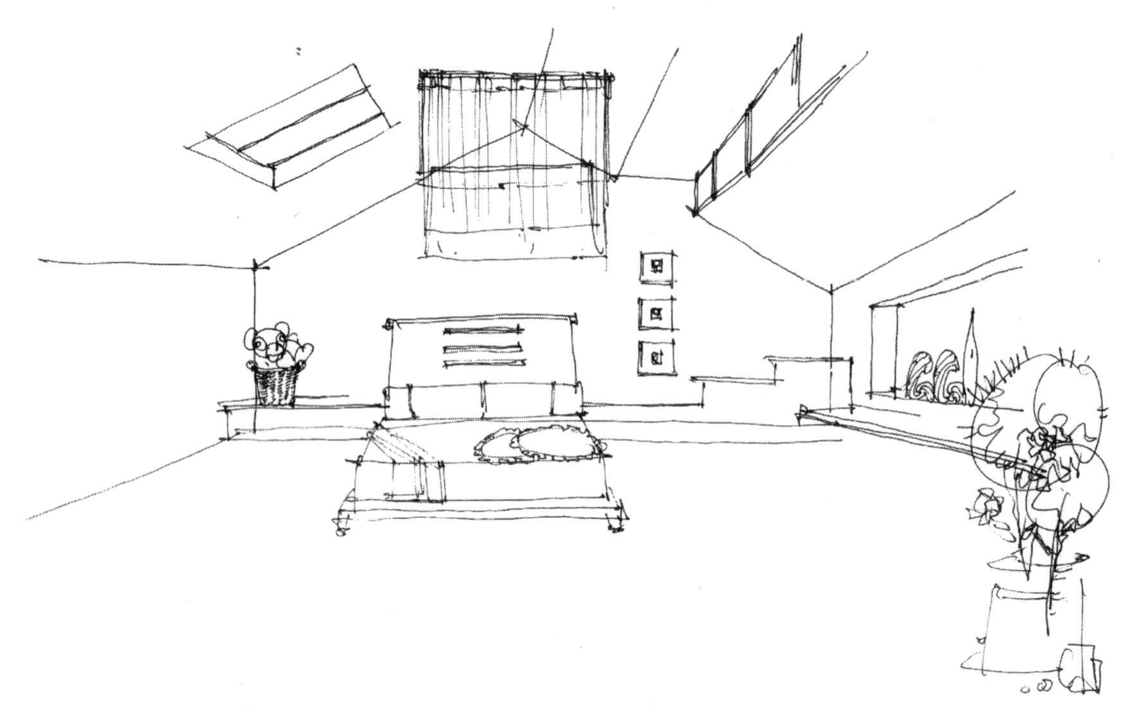

图 5-23　步骤二

（3）物体及空间细节部分的深入刻画　在构图、透视、结构、比例恰当的前提条件下，增强身临其境的现场感表现。通过对线条的组织，用线条的穿插、疏密、缓急、强弱逐步深入刻画物体，来体现物体的质感和体量感，物体形成的投影方向、位置和大小，以及地面及墙面的装饰等，如图 5-24 所示。

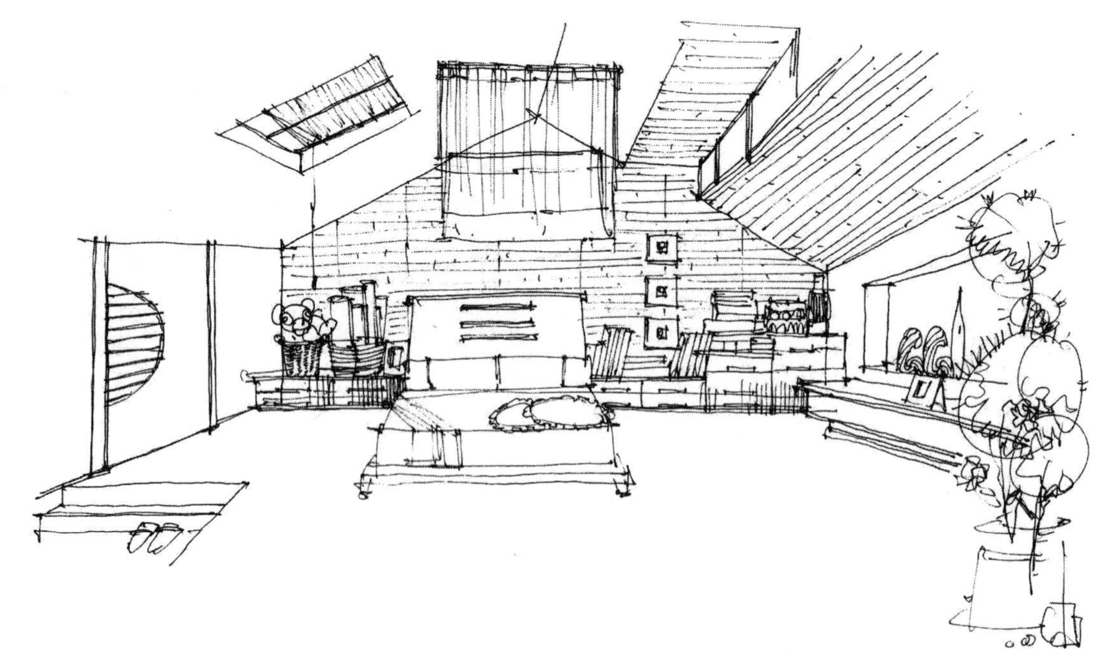

图 5-24　步骤三

（4）整体的调整完成　所有门类的艺术形式都讲究统一与变化，建筑速写也不例外，统一是要求速写的表现风格要一致，包括构图是否有利于更充分地体现主题，空间位置、透视、结构、大小及比例是否合理、准确，用笔、明暗、色泽等具体细节的表现是否到位，质感、体量感、空间感等的表现是否充分；变化是建立在统一的基础之上的，看似矛盾，其实并不矛盾。因为我们所说的变化是指不要太模式化、僵化古板，要具有清新、灵动、像有生命一样的艺术表现力，要做到这一点，需要我们不断地提高自己的审美观察、判断及表达等综合审美素养和境界，可以通过多看、多思考、多动手、多交流等方法来实现审美素养和境界的不断提升。图 5-25 是调整完成的空间速写。

图 5-25　步骤四

在室内空间的速写表现中，一点透视可以很好地表现空间的宽敞和空间的纵深感，给人以整洁、稳定、庄严、正式、严肃的感觉，如图 5-26、图 5-27 所示。

图 5-26　崔冬云作品　卧室速写表现

图 5-27　杨林作品　客厅速写表现

两点透视在室内空间的速写表现中运用比较广泛，其特点为比较自由、活泼，富有灵性和变化，如图 5-28、图 5-29 所示。

图 5-28　崔冬云作品　客厅速写表现

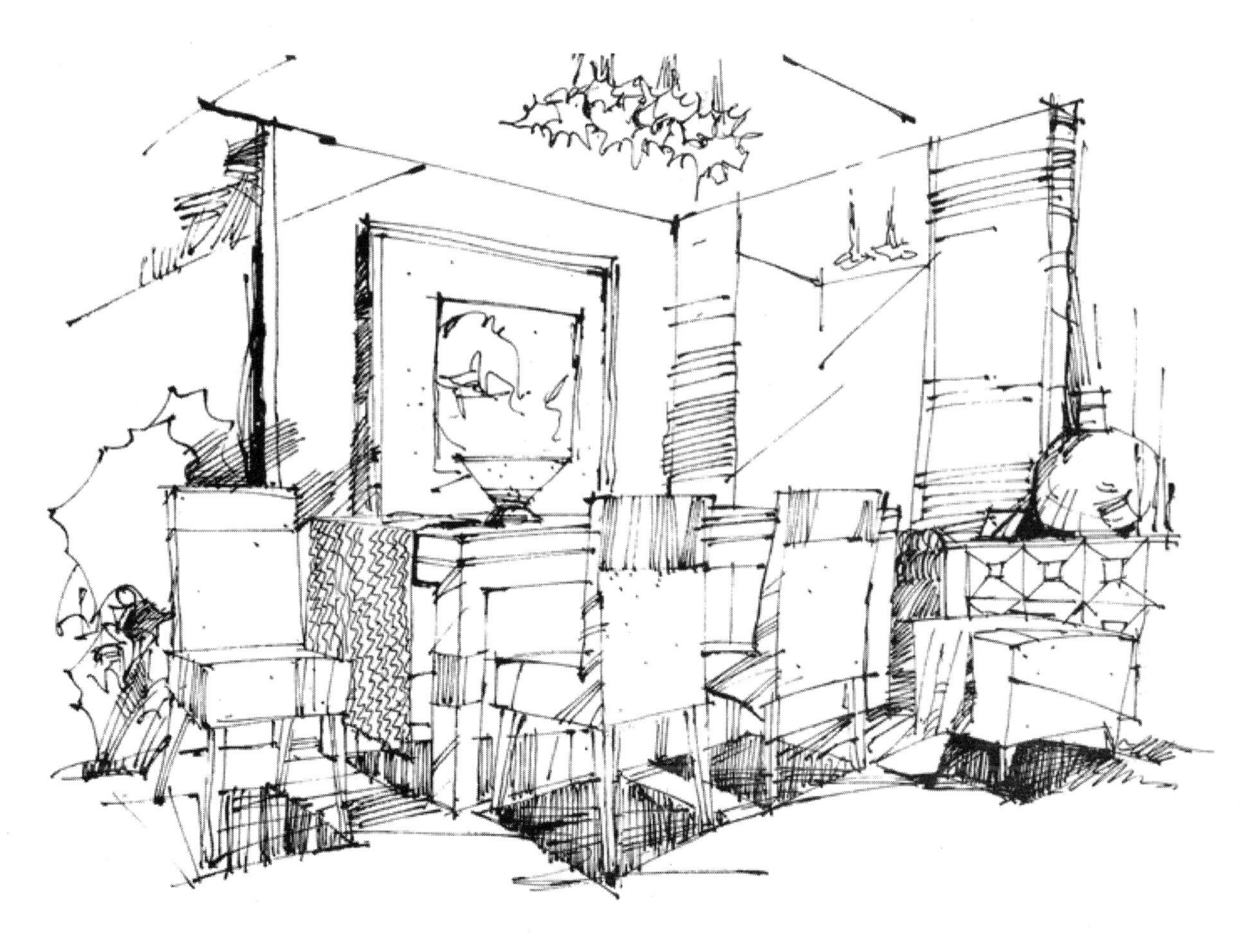

图 5-29 崔冬云作品 餐厅速写表现

室内公共空间和室内居住空间从其功能和心理诉求上，以及公共性和私密性上都是有区别的，这也要求我们根据不同受众的审美习惯来表现和设计公共空间。室内公共空间相对于居住空间要高大宽敞明亮，在它的表现中，空间的尺度表现显得尤为重要。要把握好空间的尺度，首先要将室内的陈设或物体按照空间的透视关系来摆放，同时还要掌握好它们与空间以及它们各自之间的尺度关系。例如知道了大厅墙体的高度和沙发的高度，再将它们按尺度相互参照或比较，即可正确地画出它们的体量关系来。其次，还要有选择地表现它们的风格和款式，使之与整个空间的装饰相互协调。

敞开性的办公空间、营业场所等，重点表现其大气、宽敞、明亮的特点，应该多用长的直线来表现它的简洁大方，如图 5-30 所示。餐饮空间有很多种类，如中式餐厅、西式餐厅、宴会厅、快餐厅、风味餐厅、酒吧、咖啡厅和茶室等，在地域风格、装饰手法及色彩等方面有较大的区别。在表现上除了要做到构图合理、透视准确、层次分明、具有一定的空间感外，还要发掘其独有的建筑风格、民风民俗等特点，通过对砖石、木材、文饰、灯具、窗帘等的表现，合理地体现其质感和氛围的营造，如图 5-31 所示。

在速写学习中结合建筑施工中的实例，有针对性地进行室内施工设计的草图绘制，是实践学习中很重要的一个环节，它可以使我们的设计能力在表现技能和分析构思方案的训练中得到很大的提升。图 5-32～图 5-34 为实际工程设计方案草图。

图 5-30　杨林作品　接待中心大厅

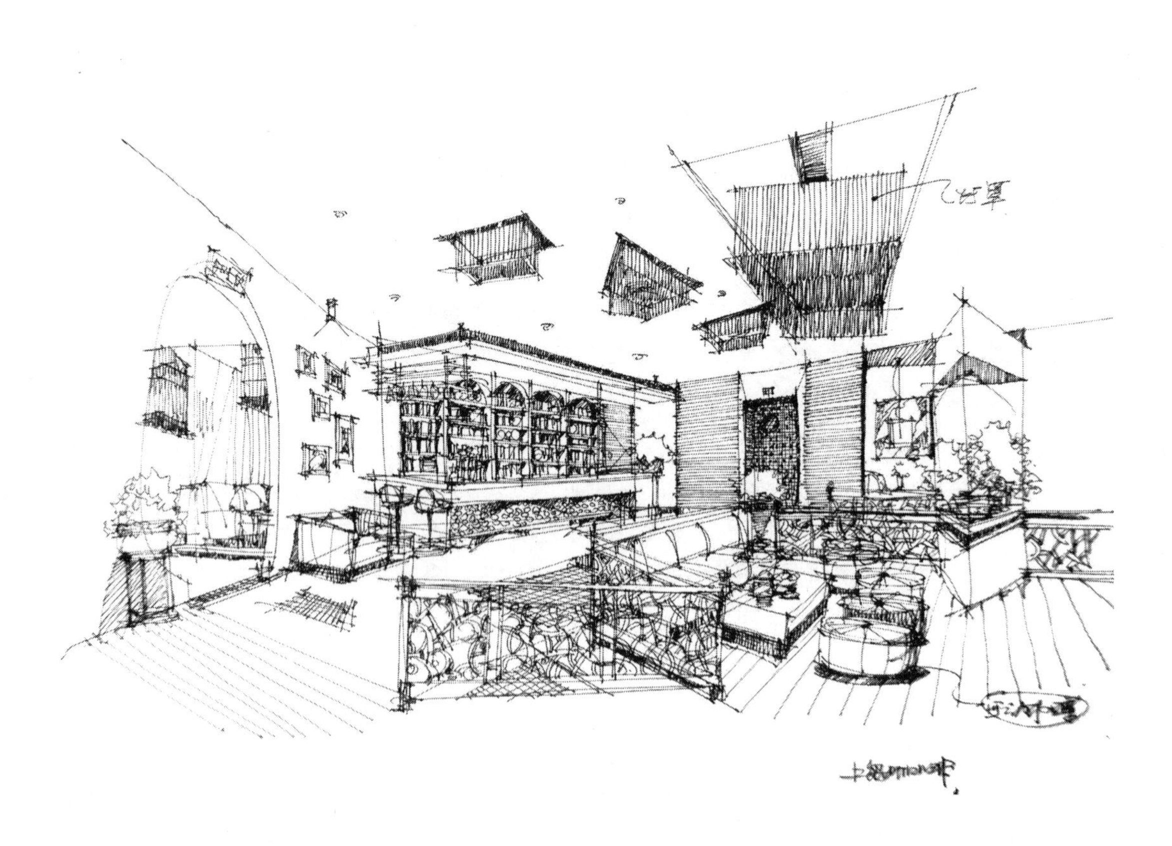

图 5-31　杨林作品　上岛咖啡厅

图 5-32　杨林作品　会议室方案草图

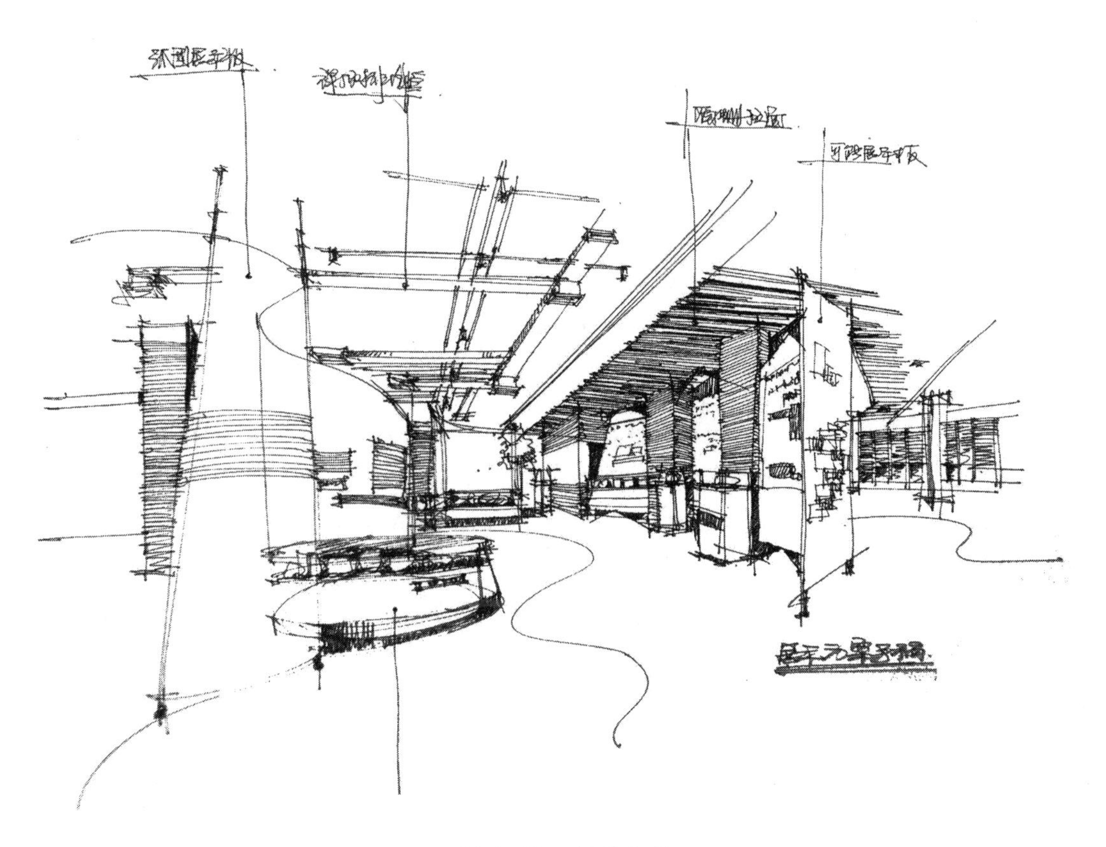

图 5-33　杨林作品

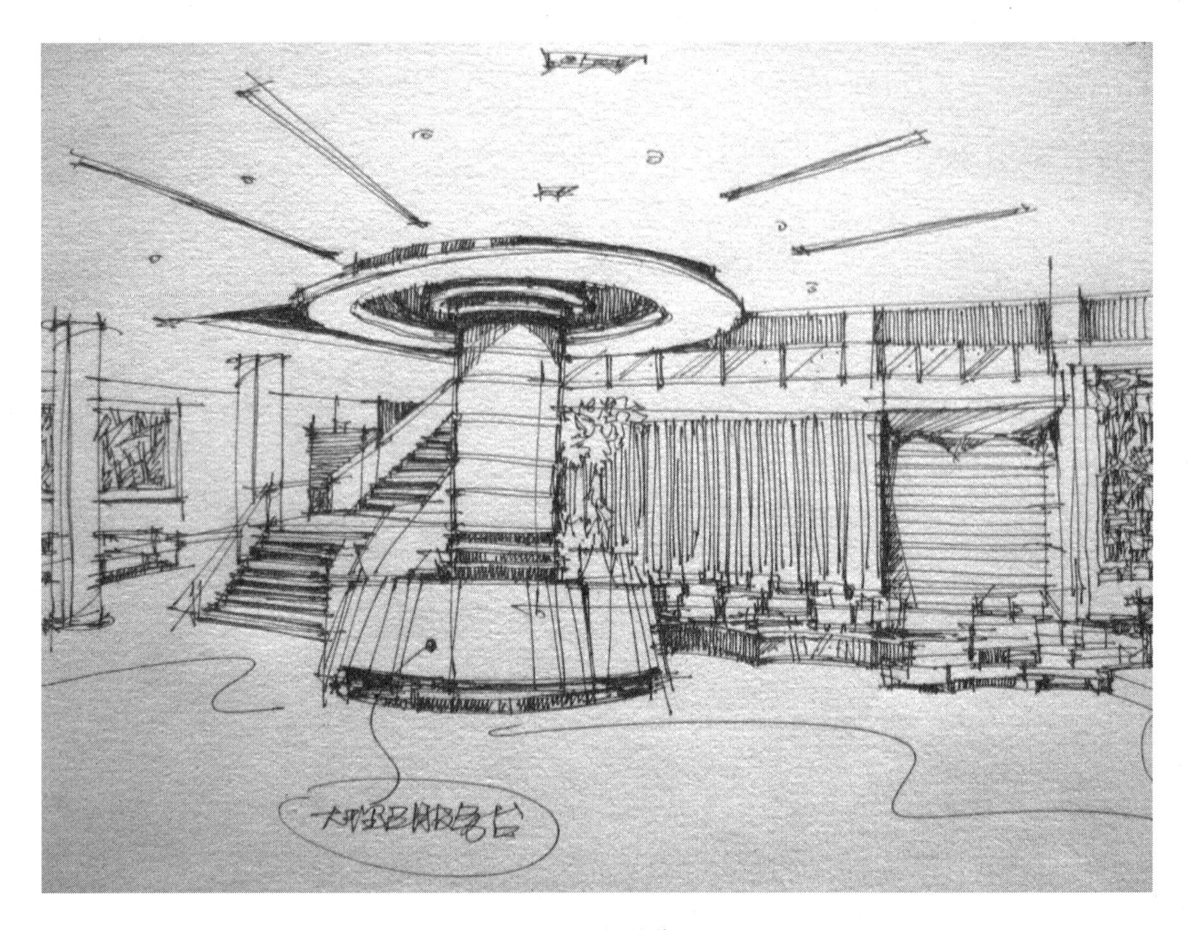

图 5-34　杨林作品

课题小结

通过学习本课题的知识，逐步了解和掌握了室内空间的陈设、室内居住空间、室内公共空间的观察方法与表现手法，只有多观察认识，多思考研究，多动手动笔，多尝试多种表现风格才能培养出空间感悟能力，并逐步找到和形成自己的表现特点及风格。

能力训练 1

（1）主要任务　以不同风格、不同表现形式对室内家具与陈设进行个体的表现。

（2）项目实训目标　掌握室内空间中不同家具与陈设的表现方法。要求学会正确的观察方法，表现出的物象透视正确、比例准确、细节充分、线条简洁流畅。

（3）探索与实践　体会不同速写绘画工具的特点及表现效果。

（4）归纳与提高　形成自己独有的速写绘画风格，根据要求能够快速地表现出设计思路及设计草图。

能力训练 2

（1）主要任务　以不同风格、不同表现形式对室内家具与陈设进行组合练习。

（2）项目实训目标　掌握室内空间中家具与陈设组合练习的表现方法。要求学会正确的观察方法，表现出的物象透视正确、比例准确、层次分明、细节充分、线条简洁流畅。

（3）探索与实践　能够用不同的表现形式表现不同质感、不同风格的家具。

（4）归纳与提高　形成自己独有的速写绘画风格，根据要求能够快速地表现出设计思路及设计草图。

能力训练 3

（1）主要任务　用特定的风格和表现形式（古典、现代、简约、时尚等）对室内居住空间客厅、餐厅、厨房、卫生间等空间进行速写表现练习。

（2）项目实训目标　根据任务能够体现室内居住空间的不同风格与特点，掌握正确的观察方法，表现出的物象透视正确、比例准确、细节充分、线条简洁流畅。

（3）探索与实践　体会不同风格的特点及表现效果。

（4）归纳与提高　参考实际项目案例的要求，能够快速地表达设计思路与理念，让学生真正体会到速写在室内设计、建筑设计和环境艺术设计中的作用。

能力训练 4

（1）主要任务　对不同的室内公共空间（商场、办公大厅、中餐厅、西式餐厅等）进行速写表现练习。

（2）项目实训目标　表现出的室内公共空间构图合理、透视准确、层次分明、细节充分、具有一定的空间感，锻炼学生的空间感悟能力和表现空间范围的控制能力。

（3）探索与实践　能够表现出不同室内公共空间的特点，体会其建筑风格与建筑特点。

（4）归纳与提高　参考实际项目案例的要求，能够快速地表达设计思路与理念，让学生真正体会到速写在室内设计、建筑设计和环境艺术设计中的作用。

课题六　建筑外观表现

【知识要点及学习目标】

建筑外观速写是进行建筑造型和环境设计的基础，本单元主要介绍建筑配景、建筑局部表现的内容及要点和建筑物综合表现的要点等内容。通过建筑配景、建筑局部以及建筑物综合表现的练习，掌握对客观物象的形体、色调、明暗、线条等的表现技能，体会建筑设计上的形式美、结构美和韵律美。这不仅有益于寻求新的表现形式，还能锻炼细致地观察景物，从现实的生活场景中发现美、挖掘美和表现美的能力。

1. 建筑配景的表现

在建筑外观速写中，建筑物是画面的主体，但它不是孤立存在的，除了重点要表现的建筑物之外，还要有大量的配景要素。建筑配景是指画面上与主体建筑构成一定的关系，帮助表达主体建筑的特征和深化主体建筑内涵的对象。把主体物和配景放置在协调的画面之中，才能使一幅建筑速写渐臻完善，如图 6-1 所示。

图 6-1　崔冬云作品

协调的配景是根据建筑物设计所要求的地理环境和特定的环境而定的。常见的配景有树木丛林、人物车辆、道路地面、花圃草坪及天空水面等，也可以根据画面的整体布局或地域条件，设置一些广告、路灯或雕塑等，这些都是为了创造一个真实的环境，起到了增强画面气氛与效果的作用。配景不仅可以衬托建筑物的尺寸，有助于表现空间效果，而且在它们的掩映下，使较为理性的建筑物消除了枯燥乏味的机械感，因而显得生机蓬勃、丰富多彩。

（1）树木　树木是建筑外观速写最常见的配景，具有充实画面内容的作用。自然界中的树木千姿百态，但基本形态都是由枝、干、叶组成。因此开始画树木时，首先应该了解树木的生长规律及各种不同树木的基本形态。只有这样，才能选择恰当的方法去表现。

树的基本形态由主干、枝干、枝叶组成。不同的树种具有不同的形态，要学会用简练的几何形体去观察、了解和概括这个基本形态。灌木类似圆球或圆球的组合；雪松近似伞形的组合；龙柏近似圆锥体的变形。抓住了树木的几何形态就抓住了不同树木的基本特征，如图 6-2 所示。

图　6-2

另外，也可以选取某一树种（如松柏），进行不同表现形式的练习，如图 6-3 所示。

图 6-3

表现枝干时，在整体观察树木基本形态的基础上，要注意树枝的生长方向和枝干之间的空间关系，以表达出一定的动态美感，如图 6-4 所示。

图　6-4

树叶形状因树种的不同而千变万化，抓住树叶的特征是表现树的边缘形态的重要因素。树叶除了用自由线条表现其明暗关系外，也可用点、圈、条带、组线、三角形及各种几何图形，以高度抽象简化的方法来描绘，如图 6-5 所示。

树丛由多种树木组成，有时树和树之间、树枝和树枝之间相互穿插、交错，显得杂乱无序。这就需要我们牢固树立整体观察和整体表现的概念，做到“乱中求整、繁中求简”。首先确定自己要表现的主体，尽量只抓住一两棵树作为主要的刻画对象，其他的树则概括处理，后面及远处的树可以作为背景只画出轮廓特征，与近处的树拉开距离，以体现出远近树木的空间关系，从而突出主体形象，如图 6-6 所示。

图 6-5

（2）车辆和人物　配景中的车辆和人物给画面增添了动势和生气。画车时要考虑与建筑物的比例关系，过大过小都会影响建筑物的尺度，在透视关系上也应与建筑物一致，如图 6-7、图 6-8 所示。人物的大小、前后及衣着、姿态对于烘托空间的尺度比例及说明环境的场合功能很有作用，在表现的时候一定要注重人物的形体，人物面部要简单化，以降低画面的复杂性，如图 6-9 所示。

图 6-6

图 6-7

图 6-8

图 6-9

（3）地面、天空、水面及山石　无论是何种材料的地面，往往都没有复杂的形象，所以在描绘时，可作简单的处理，一般近处色深，远处因反光等原因比较亮，如图 6-10 所示。如果地面面积较大，可画出建筑物和树木的投影，既美化了平淡无奇的地面形象，又增添了街道的气氛。

图　6-10

在很多情况下，天空会进行留白，但如果留白面积过大，要适当添加内容，使画面活跃。画天空时经常要画云，云的形状随着天气的变化而千姿百态。如图 6-11 所示，其描绘的是雨过天晴、天空气象万千的情景，以排线的疏密来画出富有变化的云朵，起到了渲染画面气氛的作用。

图 6-11　陈新生作品

水分为平静的和流动的两种形态。平静的水面会像镜子一样倒映物体，一般用水平线或垂直线来表示平静水面上的倒影，如图 6-12 所示。用碎轮廓线的方法可以很好地表现水的流势，再加上一些自由随意线条的运用，都可以获得表现水在流动时所需要的效果。

图 6-12　彭岩作品

要表现山石，就要抓住整体山石大的趋势，有主有次地刻画，可采用直线、顿线、折角线来刻画石块坚硬的质感效果，注意线条的穿插。如图 6-13、图 6-14 所示。

图　6-13

图 6-14　彭岩作品

这些配景是建筑速写表现中重要的一环。画面配景的安排必须以不削弱主体为原则，不能喧宾夺主。因为画面布局有主次之分，所以画面上的配景常常是不完整的，尤其是位于画面前景的配景，只需留下能够说明问题的那一部分就够了。如果配景贪大求全，就会削弱主体建筑。从实际效果出发取舍配景，把握好分寸感是配景的要点。

2. 建筑局部的表现

建筑的特征可以通过深入细致的细部刻画进行表现。建筑局部的练习对建筑外观速写的表现起着相当重要的作用，由局部入手学习建筑速写，符合由简到繁的学习过程。实际上，尝试用各种技法表现建筑局部时，就已经运用了所有关于线条、明暗、质感、肌理的表现方法。光滑的线感觉平滑、畅快；细线感觉尖锐、精致；较大面积的色块给人以沉静、厚重之感；小面积的色块使人感觉优雅、轻灵等，不同的表现技法可以表现出不同的质感。

（1）墙面　建筑材料的品种和规格十分繁多，如木材、水泥、砖瓦、玻璃、钢材、大理石以及各种涂料，等等。这些材料表面有的光亮、有的粗糙；有的质地坚硬、有的松软。常见的有清水砖墙面、抹面墙面、乱石墙面、陶瓦屋面、小青瓦屋面、玻璃瓦屋面及玻璃门窗等多种建筑表面材料。

画墙面应抓住墙的基本特征，即墙的砌筑方式、缝形成的阴影及线条的规律。如画砖墙，一般采用概括的手法用有规律的线条表现出来，注意运笔的变化，线条有长有短，中间适当断开留白，也可粗细变化出退晕的效果，如图 6-15 所示。

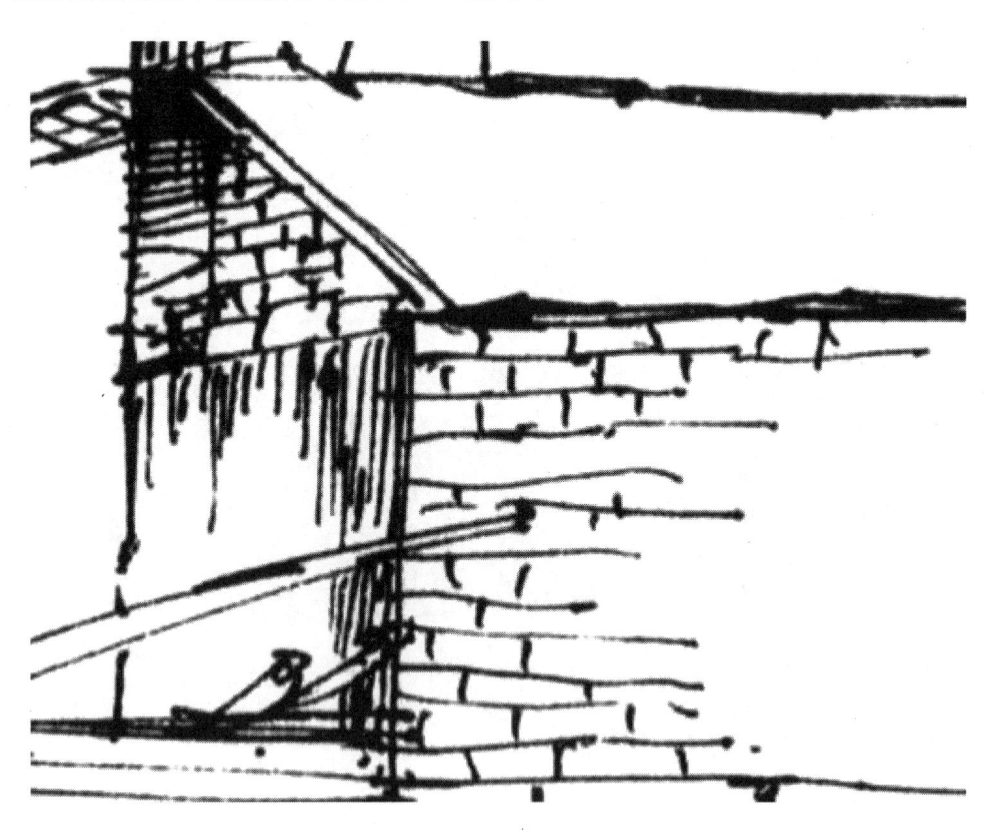

图　6-15

石墙与砖墙不同，由于石块大小形状不一，接缝错落不齐，所以石块砌出的墙面变化丰富，给人以坚硬结实的感觉。画石墙时应注意用笔灵活，富于变化，可用垂直线表现石块，也可用垂直线加水平线或斜线，以黑粗线画出石块的阴影，在石块上部受光处留白，如图 6-16 所示。

图　6-16

（2）瓦屋面　常见的有小青瓦、陶瓦、水泥瓦、琉璃瓦等。一般瓦屋面水平方向上的暗面和阴影较深，在表现时以横线条为主，竖线条较少，琉璃瓦因瓦垄是竖向排列的，所以应以画竖线条为主。瓦屋面的形式很多，在表现时应灵活运用不同的横线或竖线，如图 6-17 所示。

图　6-17

（3）门窗　门窗形态的设计是建筑师着力构思以表现建筑风格的重要环节之一。描绘时应表现出门档、门洞的深度和厚度，以及窗档、窗洞的深度和厚度，同时还应描绘出窗玻璃光滑透明、具有反光的特点。门窗的暗部和阴影在用排线方法刻画时要注意其形状，这样有助于表现门窗的深度和外墙的厚度，洞口的暗部色调不能过于重，应适当用排线和留白的方法使其透气。

玻璃是一种光滑、透明、反光的材料，在阳光下会产生强烈的高光，还能把周围的环境，如天空、树木、建筑反映出来。在表现玻璃时应以刻画玻璃上的阴影和反光面为主，要整体把握大的明暗关系，不要每一个窗格都去画，那样会使画面很琐碎。另外，还应分清楚墙面与玻璃的明暗层次，如图 6-18 所示。

图　6-18

3. 建筑物的综合表现

在画建筑速写之前要先整体观察，认识建筑物的风格和特点，考虑在画面中如何表现其结构、质感、比例、主次、空间及虚实等关系。然后选择角度，在视野里框选出一个最佳构图，定好作画的位置，分析透视关系并概括出建筑物的基本形。可以把建筑物看做简单几何体的组合，运用透视原理将其形体轮廓画出来，不看任何细节，只看实体或色块，在此基础上再刻画细部结构，如图 6-19 所示。

图 6-19　风景速写

建筑速写一般分前景、中景、背景三部分。前景多为树木、汽车、路灯、人物等配景；中景为建筑主体，左右也可适当配置一些小型建筑物以丰富主题；背景为天空、远树、远山等。三部分内容要用不同明度来区分，合理地处理黑、白、灰三种色调的关系，表现出画面的层次感和前后的空间感。如图 6-20 中，其配景的处理是虚、实、虚的关系，近景地面铺装的处理以不同的线来表现，处理得较虚；中景树木处理得较实；远山仅勾勒一个形状，同是虚景却又和地面铺装的处理不同。主体建筑从左到右依次也是虚、实、虚的关系，深入描绘了建筑的细部特征和建筑整体的明暗光影对比，使其成为画面的视觉焦点。画面右边的建筑以线条描绘使画面产生均衡感。

图 6-20　王栋作品

图 6-21 是一幅一点透视的建筑速写，其画面构图恰当，具有一种宁静的气质和内在的秩序美。作者详细刻画了近处房屋的转角、窗户及砖砌效果，用概括的手法画出远处房屋的主要结构及配景。画面黑白灰关系对比强烈，突出其光影效果。

图 6-21　崔冬云作品

图 6-21　崔冬云作品（续）

如图 6-22，高大的树木是整个画面前景的主体，树干与树枝的表现富有节奏和韵律，运用疏密对比的方法进行刻画，通过树枝的疏密和穿插表现增强了画面的空间感。中景建筑物的表现简练、概括。以明暗两大色调的变化来体现建筑的形体特征和体量感。

图 6-22　齐康作品　太湖铁山

街景表现一般场面较大、物体较多、内容丰富，需要有高度的概括能力和对空间的把握能力。如图 6-23 所示，作者将近景处理成暗部，表现得较虚，从而烘托出远景的建筑形态，增强了空间感。画面主要运用一点透视，以长短虚实变化的线条表现出丰富的街景。

图 6-23　齐康作品　郑州街景

如图 6-24，作者在表现该作品时，根据画面的需要采用了重点刻画、概括取舍、突出重点的表现手法，完美地表现出形体虚实的转换，突出了主题，并运用疏密对比使画面层次分明。物象的色调则靠排线来表现，暗部、阴影处线条排列密集，受光部线条少而稀疏。

图 6-24　彭岩作品

如图 6-25 所示，作者以轻松洗练的线条勾勒出建筑的造型和结构，表现手法简洁明快，趣味性较强。前景处理得自如流畅，充分表现出线的韵味。几个人物的添加使画面丰富多彩，并增添了几分生气。

图 6-25　江尔德作品

如图 6-26 所示，独特的尖顶建筑成为画面的中心，前景简洁，突出的广告牌和虚实变化的建筑拉开了街道的空间关系。表现用笔深浅变化恰到好处，环境处理虚实有度，左实右虚，主体突出。

图 6-26　孙茹雁作品　比利时古城列日街景

如图 6-27，这幅画描绘的是徽派民居。作者用笔概括且不失细节，整幅画面疏密有致，虚实相生，充分表现出了皖南民居的特色。

图 6-27　彭岩作品

如图 6-28，这幅作品以不同形式的点与线较好地表现了大自然中茂盛的树丛，以要素变化和艺术技巧来处理画面。点与线的疏密、大小及变化构成了树木和枝干，取得了较好的视觉效果。

图 6-28　彭岩作品

如图 6-29 所示，此作品画面简洁灵动，线面结合的处理方法使画面更加生动、有趣。

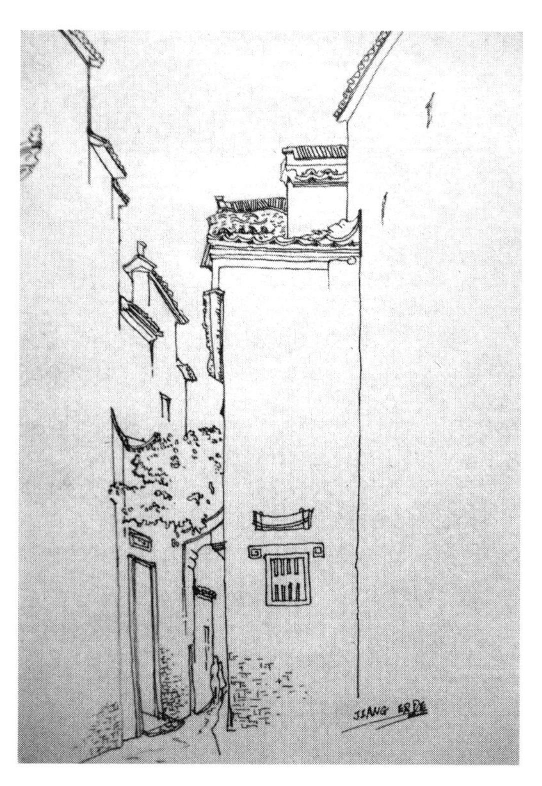

图 6-29　江尔德作品

课题小结

本课题主要有三部分学习内容。建筑速写配景主要以树木、人物和车辆等为主，在画面中的安排以突出、衬托主体为原则，不能喧宾夺主。建筑局部的练习对建筑速写的表现起着相当重要的作用，对建筑局部细节、质感、光感和表面构造的刻画，会产生引人注目的视觉效果。建筑速写的综合表现需要考虑的因素很多，如构图、透视、画面的主次关系和表现手法等，需要多加练习。

能力训练 1

（1）主要任务　以不同的表现形式进行建筑配景及建筑局部的速写练习。

（2）项目实训目标　掌握室外建筑局部的表现方法与特点。要求学会正确的观察方法，表现出的物象透视正确、比例准确、细节充分、线条简洁流畅，并能表现出不同材质的特征。

（3）探索与实践　体会点、线、面在建筑速写中的应用及表现效果。

（4）归纳与提高　通过练习掌握对客观物象的形体、色调、明暗、线条等的表现技能，体会建筑设计上的形式美、结构美和韵律美。

能力训练 2

（1）主要任务　以不同风格、不同表现形式进行建筑物的综合表现练习。

（2）项目实训目标　掌握建筑外观速写练习的表现方法与要点。要求学会正确的观察方法，表现出的物象透视正确、比例准确、层次分明、细节充分、线条简洁流畅。

（3）探索与实践　体会点、线、面在建筑速写中的应用及表现效果。

（4）归纳与提高　形成自己独有的速写绘画风格，根据要求能够快速地表现出设计思路及设计草图。

课题七　景观表现

【知识要点及学习目标】

景观设计是通过艺术表现的方式对室外环境进行规划的一门实用艺术，它是为满足人们功能（生理）要求和精神（心理）要求而创造的一种空间艺术。景观表现的元素很多，在速写表现时也要有所区别。通过对景观元素及不同场地景观的认识与表现，把握与运用多种表现技巧，逐步培养学习者的观察能力、表现能力与设计构思能力。

1．景观元素的表现

构成景观的元素很多，除了自然景观的阳光、空气、植物、水景等之外，还有人文景观的公共设施、建筑小品、雕塑等。这些元素通过相互联合及组合，构成了一个庞大而稳定的体系。

植物是景观设计表现中最重要的表达元素之一，其表现效果的好坏决定了作品的成败。植物类表现以树木为主，除了立面树的表现外，还有平面树的表现，平面图的表现中多采用图案手法来描绘（图 7-1）。如多以大叶形的图案表示热带大叶树；以各种图案的组团来表示阔叶树；灌木丛一般多为自由变化的变形虫外形等。表现手法不是绝对的，也可以完全不考虑树种而纯以图案表示。绿地占地面积较大，在表现中要注意根据地形的起伏关系进行整体表现。

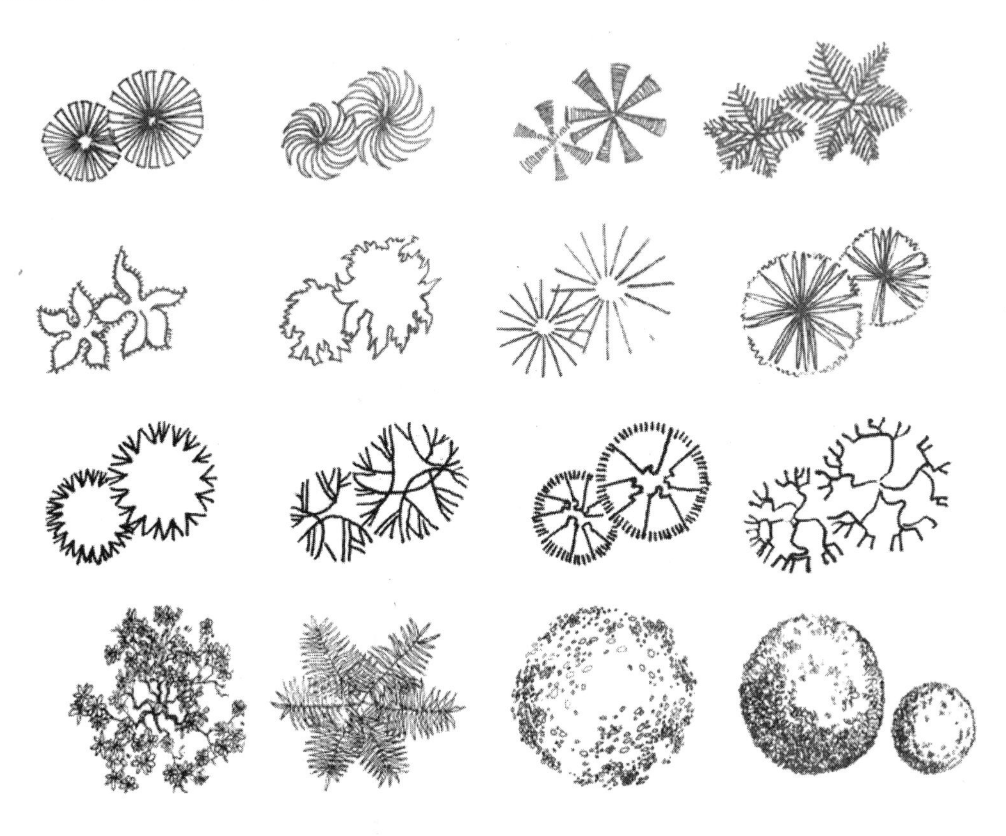

图　7-1

景观小品虽然体量小，却遍布在环境中，具有使用功能和装饰的效果，其主要内容包括路灯、音箱、座椅及栏杆等。座椅是景观中常见的设施，供人休息、交流之用，材料主要有石材、木材、混凝土、钢材等，要注意表现出材料的质感，并与环境相结合。栏杆不仅可以起到隔离和美化环境的作用，在景观中还可以起到和路灯一样的烘托气氛的作用。雕塑在景观中极具艺术感染力，在表现上要有重点地进行刻画。道路、地面是连接建筑与环境的纽带，也是组成画面、分割空间的重要部分，在表现上要根据使用功能和设计特点来表现出不同材料的质感。图 7-2～图 7-4 为景观小品速写作品。

图 7-2

图 7-3 学生练习

图 7-4　郑熠作品

公共设施在景观设计中可起到调节、活跃景观氛围的作用，主要有果皮箱、电话亭、健身器材等相关设施，在表现时要注意这些元素的功能性，如图 7-5 所示。

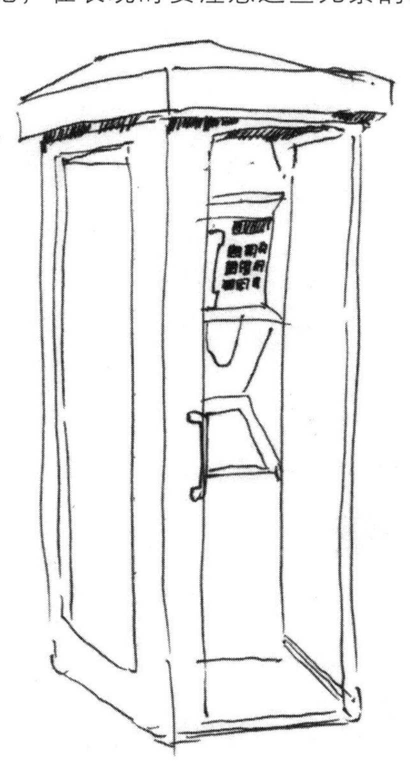

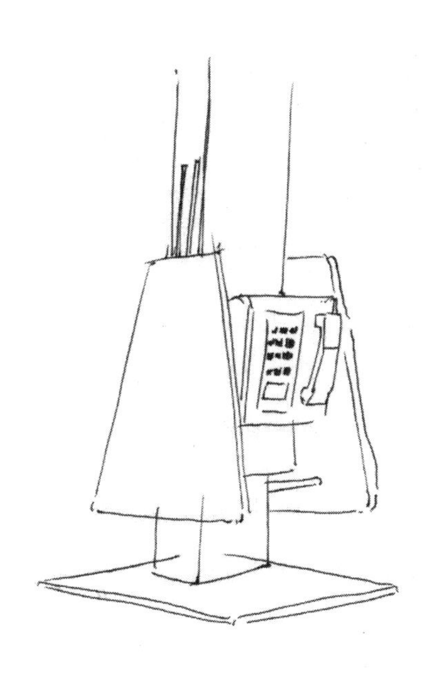

图　7-5

2．景观的综合表现

城市公园以优美的环境为市民提供了亲近自然、享受自然和游戏娱乐的空间场所，对美化城市、净化空气、改善城市小气候、平衡城市生态环境起到了积极的作用。公园在体量和规模上比较大，在表现时要注意表达要清晰，主次要分明，创造出和谐的画面空间，如图 7-6 所示。

图 7-6　彭岩作品

图 7-7 是一幅城市公园景观小场地的速写，主要用线面结合的表现手法表现了水体、乔木、灌木等主要的景观，表现出了空间的层次感、远近感以及各景观元素之间的和谐关系。

图 7-7　郑熠作品

景观小场地的表现重点在于表现出空间的层次感和远近感，要注意刻画各景观元素之间的空间关系，尝试景观的创意表现，如图 7-8～图 7-10 所示。

图 7-8　学生练习

图 7-9　学生练习

图 7-10　学生练习

居住区景观是城市景观的延续，要表现出安静、祥和、充满生活气息的氛围。应注意选取的角度和画面比例，在尺度的表现上不宜过大或过小，如图 7-11 ~ 图 7-13 所示。

图 7-11　徐晓鲁作品

图 7-12　郑熠作品

图 7-13　彭岩临摹作品

景观的表现既要求如实反映设计人员的构思，比较真实地再现客观环境和物体，又要求具有较高的艺术性和观赏性。技法只是一种表现手段，而不应成为追求的目的，只有将技术与思想结合起来，才是速写追求的最高目标。

课题小结

本课题主要包括景观元素的表现和景观的综合表现两部分内容。景观设计是一门艺术与技术相结合的学科，在表现时要将实用功能和审美功能结合在一起，通过艺术表现来丰富设计效果。

能力训练 1

（1）主要任务　对景观元素进行单体的练习，尝试采用不同的表现技法来完成。

（2）项目实训目标　掌握景观元素的表现方法。要求学会正确的观察方法，表现出的物象透视正确、比例准确、层次分明、细节充分、线条简洁流畅。

（3）探索与实践　提高对小场地、小景观的快速表现能力。

（4）归纳与提高　形成自己的速写绘画风格，根据要求能够快速地表现出设计思路及设计草图。

能力训练 2

（1）主要任务　对城市公园、广场、居住环境等景观进行速写表现练习。

（2）项目实训目标　掌握景观的表现方法。要求学会正确的观察方法，表现出的景观透视正确、比例准确、细节充分、线条简洁流畅。

（3）探索与实践　提高对大场地景观的快速表现能力，体会其风格与特点。

（4）归纳与提高　参考实际项目案例的要求，能够快速地表达设计思路与理念，让学生真正体会到速写在室内、建筑设计和环境艺术设计中的作用。

附录　建筑速写表现作品赏析

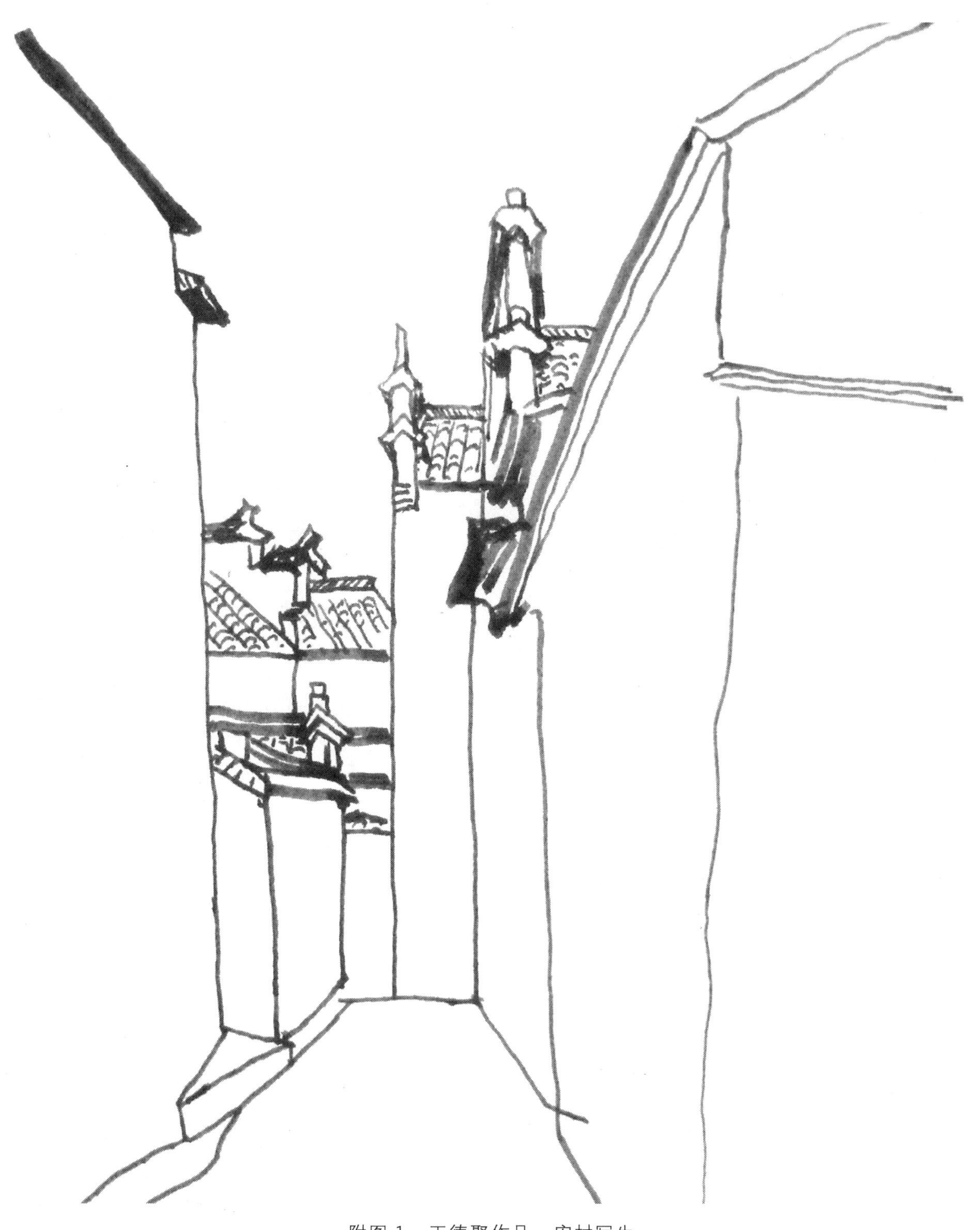

附图 1　王德聚作品　宏村写生

附图 2　彭岩作品

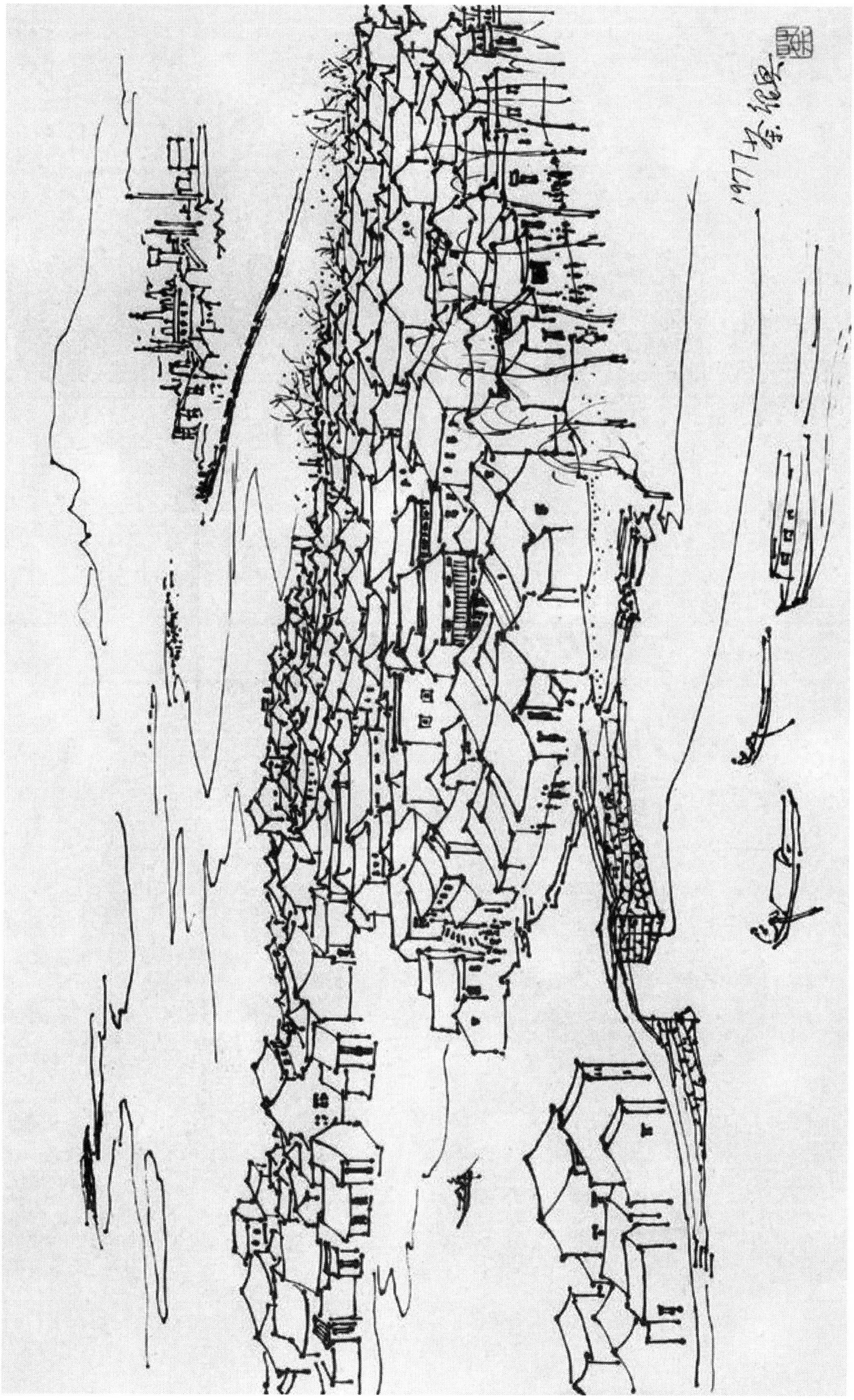

附图 3 吴冠中作品 绍兴

附图 4　张坤作品　维也纳街景

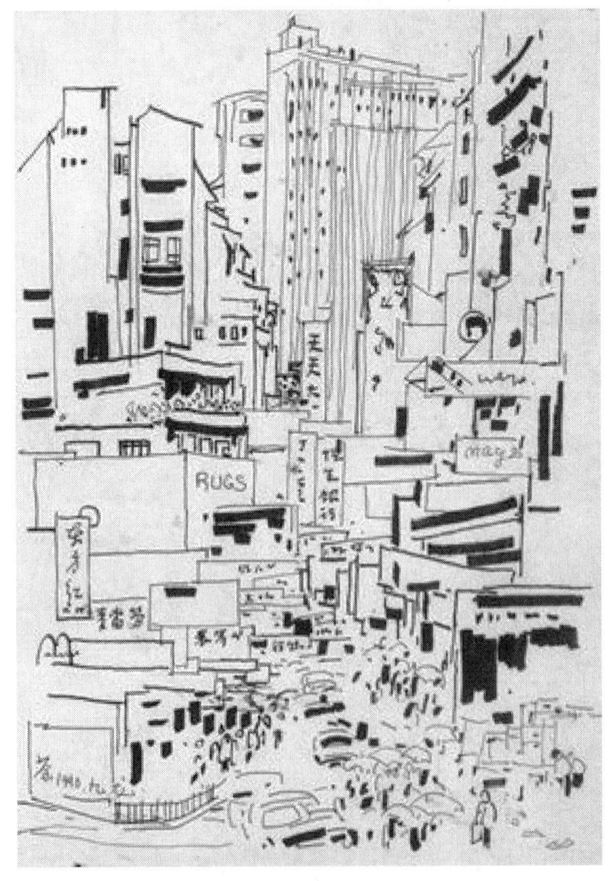

附图 5　吴冠中作品

附图 6 彭岩作品 西递村

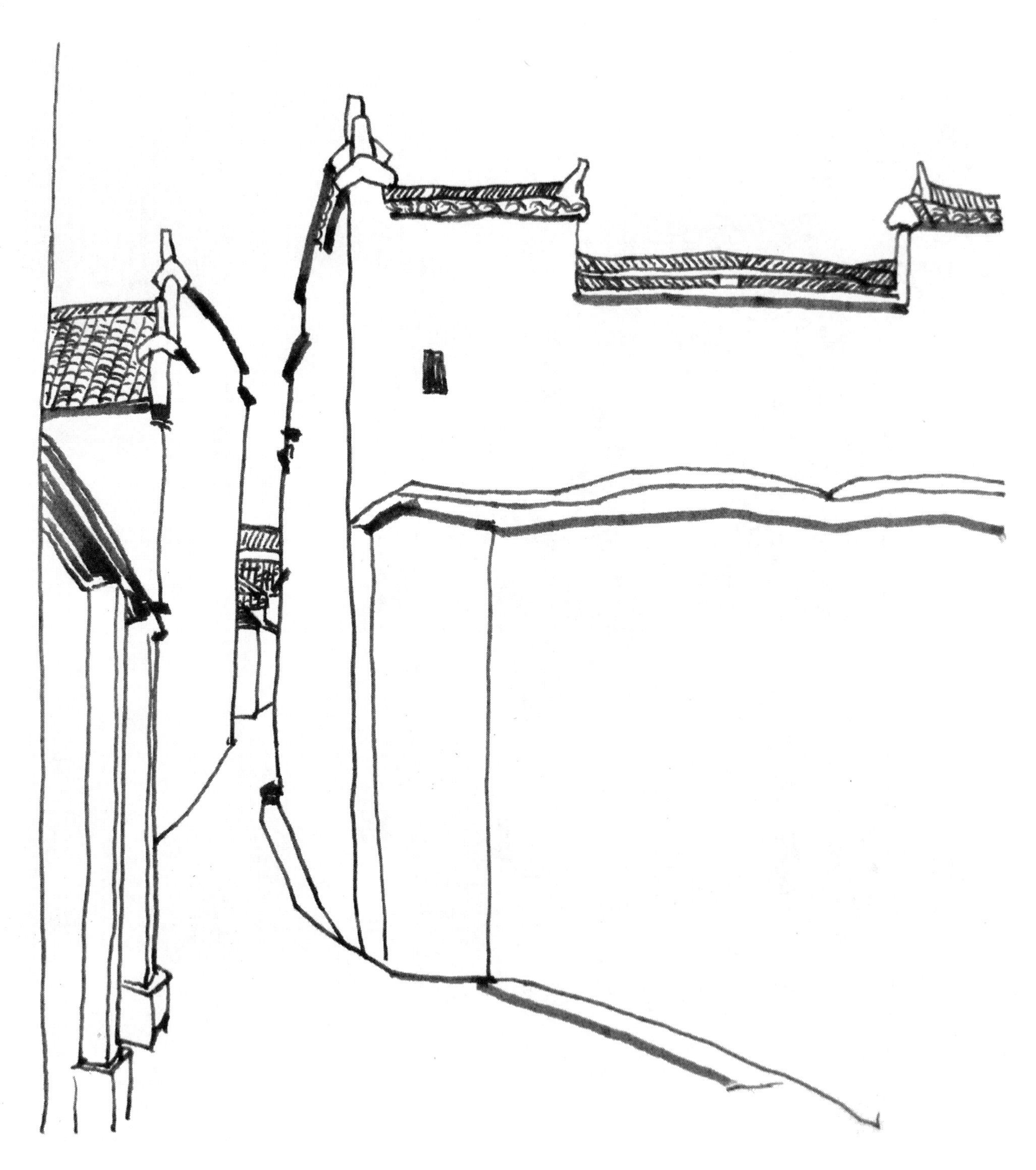

附图 7　王德聚作品　小巷

附图 8　张坤作品　匈牙利盖莱特山

附图 9　余工作品

附图 10　王德聚作品　月沼民居

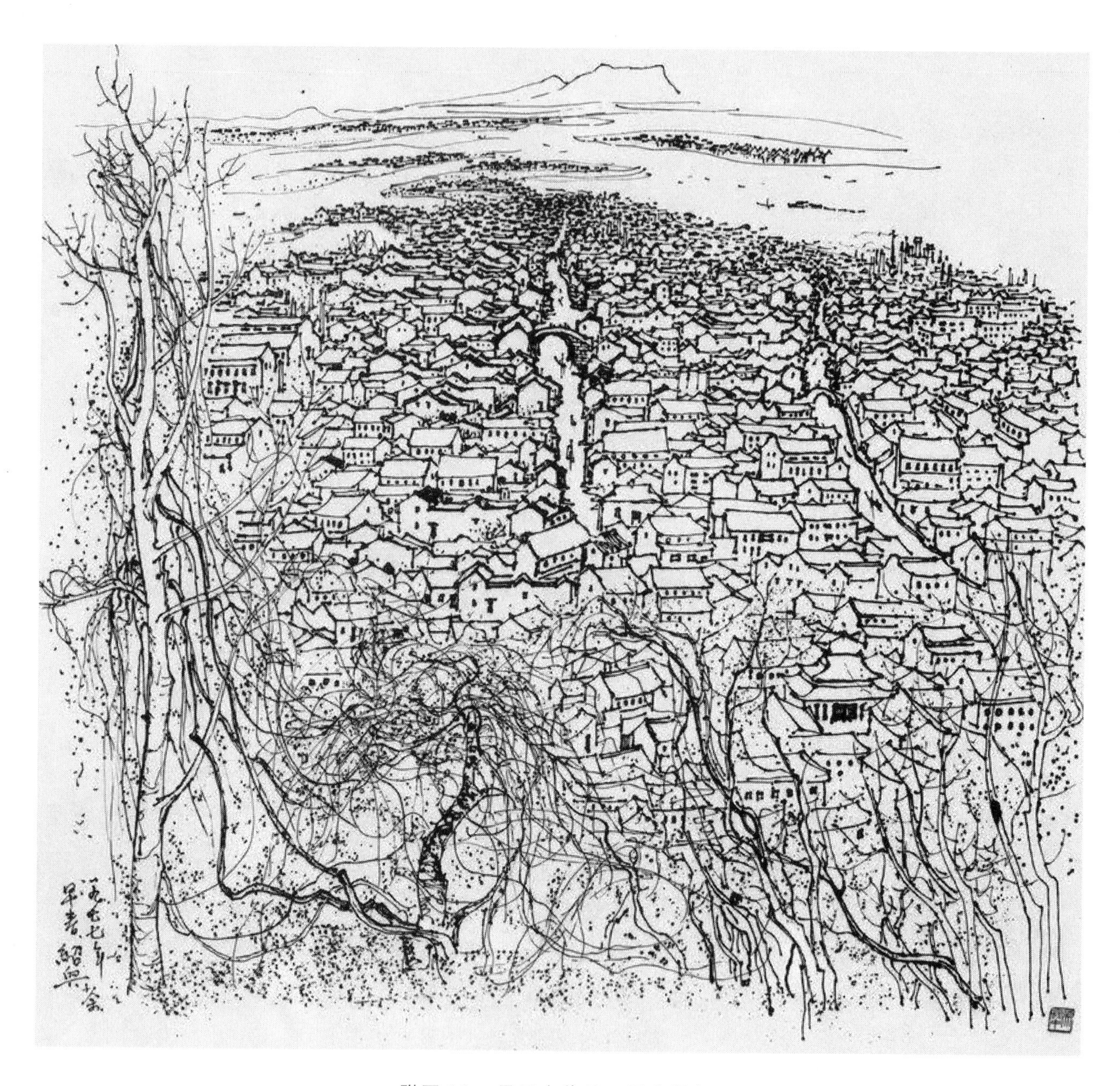

附图 11　吴冠中作品　早春绍兴

参 考 文 献

[1] 姜亚洲，何燕．建筑速写心得[M]．北京：机械工业出版社，2008．

[2] 王德聚，崔冬云．设计素描[M]．青岛：中国海洋大学出版社，2009．

[3] 张玉忠，曹俊，窦静．设计速写[M]．上海：东方出版中心，2008．

[4] 李延龄．建筑与徒手画[M]．北京：中国建筑工业出版社，2002．

[5] 陈新生．建筑速写技法[M]．北京：清华大学出版社，2005．

[6] R S 奥列佛．奥列佛风景速写[M]．杨径青，杨志达，译．南宁：广西美术出版社，2003．